ROLAND LÖWISCH

100 TRAKTOREN

die man gefahren haben muss

Impressum

HEEL Verlag GmbH
Gut Pottscheidt
53639 Königswinter
Telefon 0 22 23 / 92 30-0
Telefax 0 22 23 / 92 30 26
Mail: info@heel-verlag.de
Internet: www.heel-verlag.de

HEEL agrarzeitung

Dieses Buch erscheint im Rahmen einer Kooperation mit dem Deutschen Fachverlag, Frankfurt am Main.

Verantwortlich für den Inhalt: Roland Löwisch

Lektorat, Redaktion und Bildredaktion: Tim O. Saathoff, Jürgen Schlegelmilch

Bildnachweis:
Adobe Stock, Archiv Autor, Archiv HEEL Verlag, Archive Hersteller, Auto-Medienportal.Net, Jürgen Schlegelmilch, Red Bull GmbH, rolly Toys/Franz Schneider GmbH & Co KG, siku/Sieper GmbH, Techniksammlung Backnang Udo Paulitz, Wikimedia Commons (Cherubino, Clément Bucco, Johannes Maximilian, KenWalker, Manataworf, Matti Blume, Reinhold Möller, Roland Rail, Rwslivka), Stephan R. Arnold

Satz und Gestaltung: Ralf Kolmsee F5 Mediengestaltung, Bonn

Printed in Croatia

ISBN: 978-3-7588-0005-4

ROLAND LÖWISCH

100 TRAKTOREN

die man gefahren haben muss

HEEL dfv

Vorwort

Wer aus der Welt der Autos kommt und in die der Agrarfahrzeuge einsteigt, den lässt sie so leicht nicht wieder los. Es gibt viele technische Parallelen, aber auch hochinteressante Unterschiede – bekommt man bei US-Cars mit acht Litern Hubraum schon kaum mehr die Kinnlade zu, sind es bei den Traktoren oft 15 Liter oder mehr. Das Gleiche gilt für PS und maximale Drehmomente – würde man die Power in Autos einbauen, könnte sie die guten Stücke schlicht zerreißen. Kurz: Man kommt aus dem Staunen nicht heraus.

Trotzdem bauten viele Autohersteller auch Traktoren, so Lamborghini, Porsche, Fiat, Mercedes-Benz – und, ja, auch Ferrari taucht in gewisser Weise auf. Manche Traktoren sehen aus wie frisch aus dem Modellbauland entflohen, andere sind so groß, dass man sich nicht mal den Acker vorstellen kann, den er bearbeiten soll. Wer sich intensiv mit Schleppern und ähnlichen landwirtschaftlichen Vehikeln beschäftigt, erweitert durchaus seinen Horizont.

Das Problem: Es gibt eine unglaubliche Anzahl von Herstellern und Modellen. Welche nehmen, beschreiben, fahren, wenn man sich und anderen diese neue Welt eröffnen will? Da hilft nur Recherchieren. Welche Firma war führend in welcher Technologie? Welcher Traktor hat einem ganzen Land beim Aufbau nach dem Weltkrieg geholfen? Welcher war aus welchem Grund zu seiner Zeit Klassenbester? Welcher Sound wurde Kult? Und so ganz nebenbei stolpert man über Kuriositäten, skurrile Techniken, außergewöhnliche Designs, Schlepperzwerge und -riesen, und es macht „klick“: Ja, mit dem und dem sollte man sich mal beschäftigen. Oder noch besser: Den und den und den sollte man unbedingt mal gefahren haben.

Zugegeben: Die Auswahl, die hier vorliegt, ist überwiegend subjektiv entstanden. Und unsere persönliche Vorliebe für Power manifestiert sich hier und dort in der Auswahl, zum jeweils stärksten Modell zu greifen – was Sie ja nicht befolgen müssen, denn oft genug eröffnen sich die Vorteile dieser oder jener Konstruktion auch bei den schwächer motorisierten Varianten. Und grämen Sie sich nicht, wenn Sie nicht gleich einen der vorgestellten vollelektrischen Schlepper oder eine Wasserstoffversion unter die Finger bekommen. Agrarfahrzeuge sind in der Entwicklung und noch nicht ganz so weit, wie es bei Autos den Anschein hat. Auf der Straße ist die Mobilität schon recht elektrisch, in der Landwirtschaft aber sind die Arbeitstage lang und die Ruhezeiten meistens kurz – schlecht für kleine Akkus und lange Ladezeiten. Und so gilt: Der Strom kommt – bis auf Weiteres aber bleibt der Dieselmotor noch die wichtigste Primärenergiequelle. Einen komplett batterie-elektrischen Traktor gibt es zurzeit auf dem Markt noch nicht. In den Leistungsklassen bis etwa 100 PS werden sie bis Mitte der Dekade erwartet.

In diesem Sinne: Steigen Sie ein – oder eher auf, starten Sie den Diesel und tuckern Sie los. In eine Welt voller Kraft, Technik und Mutterboden. Herrlich.

Königswinter/Hamburg, im Oktober 2024 — Roland Löwisch

Inhalt

F18H

rollyMintrac John Deere 6150R

Deutschland

Hier geht's direkt zum Produkt:

Mehr als nur Kinderkram

Zwar betont rolly toys, dass ihr Buggy-Traktor rollyMinitrac John Deere 6150R für Kinder im Alter von eineinhalb bis vier Jahren gedacht ist. Aber denken wir an das Bobby-Car: Damit wetteifern auch heute noch Erwachsene in Rennen. Also rauf auf den Mini-Deere: Die Motorhaube kann geöffnet werden, um neugierige Köpfe in die faszinierende Welt der Mechanik eintauchen zu lassen. Ein kleines Ablagefach unter der Motorhaube bietet Platz für eine Stärkung für unterwegs. Die durch die Achsschenkellenkung optimierte Wendekreisführung ermöglicht müheloses Lenken. Die Flüsterlaufreifen garantieren eine sanfte und lärmfreie Fahrt sowohl drinnen als auch draußen. Die Hupe weckt den Nachbarn, an die vorhandene Heckkupplung können sogar rollyMinitrac-Trailer angehängt werden. Es gibt auch andere Rutschtrecker: von rolly toys einen John Deere 7930, einen Fendt 211 und einen Fendt 939 Vario, von BIG einen Eicher Diesel ED 16, von Smoby den Fantasie-Traktor „Stronger XXL“ und so weiter. Zelebrieren Sie das Kind im Manne! Und selbstverständlich auch das im Weibe!

hatte ich ○

habe ich ○

will ich ○

Motor	Biomasse	Leistung (PS)	2 Beine
Hubraum (ccm)	je nach Fahrer	Vmax (km/h)	geht so

Siku Fendt 933 Vario

Deutschland (seit 2022)

hatte ich ◯

habe ich ◯

will ich ◯

Spielerisch ackern

Der Siku Fendt 933 Vario Traktor (Siku 6796) im Maßstab 1:32 ist einer von vielen RC-Traktoren, die Jung und Alt begeistern sollen. Kenner attestieren dem Siku-Traktor eine präzise Lenkung und viel Spielspaß. Das Sikucontrol-Modell aus Metall und Kunststoff zeichnet sich nicht nur durch die zahlreichen Features aus, sondern auch durch die bei Fans so geschätzte Detailliebe. Alle Funktionen und die fünf Gänge des Traktors lassen sich über die kostenlose App oder die Bluetooth-Fernsteuerung bedienen. Er verfügt über einen nutzbaren Frontlader, Antriebs- und Servomotoren, Geschwindigkeitsstufen und eine steuerbare Anhängerkupplung. Die 14 LED-Leuchten und austauschbaren Anbaugeräte sorgen für realistische Spielmöglichkeiten. Die Metallkarosserie und Gummireifen gewährleisten zudem Stabilität und Bodenhaftung. Nur drauftreten sollte niemand ...

Motor	E-Motor	Leistung (PS)	k.A.
Hubraum (ccm)	–	Vmax (km/h)	k.A.

Williams Big Bud 16V-747

USA (1977)

Ein echt dicker Freund

Wenn man schon die Bezeichnung eines der größten und berühmtesten Flugzeuge im Namen trägt (747, der „Jumbo" von Boing), muss auch was dahinterstecken: nicht weniger als der stärkste Traktor der Welt. Ebenso klar, dass man ihn gefahren haben muss, diesen Knicklenkertraktor mit zunächst 760 PS, heute mehr als 1000 PS. Genauer gesagt: 1100 PS. Die werden erzeugt von einem 16-Zylinder-Detroit-Diesel mit 24,14 Litern Hubraum. Damit die Arbeitszeit nicht zu kurz wird, fasst der Kraftstofftank 3785 Liter Diesel. Das 50-Tonnen-Monster zieht problemlos Anbaugeräte von 20 Metern Breite, mit einem 24-Meter-Grubber ist ein Hektar Ackerfläche bei einer Arbeitsgeschwindigkeit von 13 km/h in etwa zweieinhalb Minuten bearbeitet. Gebaut wurde der große Freund 1977 als Einzelstück im Auftrag einer Baumwollfarm. Er kostete 300.000 Dollar. Inzwischen ist er restauriert und steht in einem Museum in Iowa. Ob er dort für immer steht oder ob es riesige Türen gibt, um ihn mal wieder rauszulassen, konnte nicht recherchiert werden.

hatte ich ○

habe ich ○

will ich ○

Motor	16-Zylinder-Diesel	Leistung (PS)	1100
Hubraum (ccm)	24.140	Vmax (km/h)	13

Holder Cultitrac A 10

Deutschland (1954–1959)

hatte ich

habe ich

will ich

Ein Diener vor dem Knicklenker

Wir finden Knicklenker faszinierend, weil sie so unkonventionell sind. Also rauf auf den Bock – natürlich auch beim ersten Traktor mit Knicklenkung, dem Holder Cultitrac A 10. Der kam 1954 auf die Äcker, und dann gleich mit Allradantrieb und vier gleichgroßen Rädern. Grund für die Realisation waren Kundenwünsche nach besserem Zugvermögen des B 10 bei schwierigen Bodenverhältnissen, speziell bei den engen Reihenkulturen im Weinbau, Obstbau und Baumschulen. Also kamen schlaue Holder-Köpfe auf die Idee, zwei Einachsschlepper mit einem Knickgelenk in der Mitte zu verbinden. Der Motor saß auf der Vorderachse, hinten wurden Getriebe, Lenkung, Getriebezapfwelle, ölhydraulischer Kraftheber und Fahrersitz untergebracht. Der Kunde hatte die Wahl zwischen drei verschiedenen Motoren: Mit dem Halbliter-Fichtel & Sachs-Dieselmotor standen zehn PS zur Verfügung, der Fichtel & Sachs Stamo-360-Benziner bot ein PS weniger. Es gab den A 10 zudem auch mit Stihl-Diesel mit 763 Kubik und ebenfalls 10 PS. Preis für einen Cultitrac: 5180 Mark. Das war völlig ausreichend für die zu erwartenden Aufgaben. Heute vielleicht etwas für Fans mit verwinkelter Zweizimmerwohnung?

Motor	Einzylinder-Diesel	Leistung (PS)	9–10
Hubraum (ccm)	499–763	Vmax (km/h)	13,5

Honda Mean Mower MK2

Japan (2019)

Rasen auf dem Mäher

Der Mean Mower MK2 von Honda ist der schnellste Rasenmäher der Welt – da bekommt „Rasen" eine ganz andere Bedeutung. Den muss man einfach kennen(lernen). Irgendwann. Denn der fährt – dank 192 PS starkem Einlitermotor aus der Honda CBR 1000RR-R Fireblade SP – schnelle 242,99 km/h. Den Sprint von 0 auf 160 km/h schafft er in 6,29 Sekunden. Basis ist der Aufsitzmäher HF 2622. Das Beste: Rasenmähen kann das Gerät auch noch – sogar in dieser Konfiguration. Sonst wäre der Weltrekord auch nicht anerkannt worden. Der Pilot war übrigens eine Pilotin: Rennfahrerin und Stuntfrau Jessica Hawkins. Wo sich das Höllengerät jetzt befindet, ist uns leider unbekannt. Wahrscheinlich in irgendeinem japanischen Museum ...

hatte ich ○

habe ich ○

will ich ○

Motor	Vierzylinder	Leistung (PS)	192
Hubraum (ccm)	999	Vmax (km/h)	242, 99

Schlüter Profi Trac 3000 TVL

Deutschland (1973–1977)

hatte ich

habe ich

will ich

Starkes Stück

Fans von spezieller Motortechnik müssen den Profi Trac 3000 TVL von Schlüter fahren.

Erstens: weil es ein Schlüter ist. Denn nach dem Ersten Weltkrieg entwickelte Schlüter das Schwenkkammerverfahren, bei dem der Motor als Direkteinspritzer gestartet, anschließend aber nach dem Vorkammerprinzip betrieben wurde. Bis heute blieb es die einzige Konstruktion, die den Kaltstart eines Vorkammer-Dieselmotors ohne Zündhilfe ermöglicht.

Zweitens: Weil der Profi Trac 3000 TVL von 1973 für größtes Aufsehen sorgte. Dieser 280 PS leistende Gigant war mehr als doppelt so stark wie die Spitzenmodelle der meisten anderen Hersteller. Neben vier gleich großen Rädern, der ölhydraulischen Turbokupplung und Allradlenkung verfügte das Fahrzeug über eine hydraulisch kippbare Kabine für eine verbesserte Wartungsfreundlichkeit – ein echtes Schwergewicht in der Landwirtschaft. Allerdings sollten Fahr-Interessenten dafür in den europäischen Osten reisen, denn von den insgesamt 14 gebauten Maschinen ging ein Dutzend ins frühere Jugoslawien.

Motor	Reihen-Sechszylinder	Leistung (PS)	280
Hubraum (ccm)	11.045	Vmax (km/h)	34,3

Traktor-Pulling-Traktor

Weltweit (seit 1977)

Zieh, Traktor, zieh

Wettpflügen? Pah – langweilig. 1977 fand auf dem niederländischen Flevohof das erste Demonstrations-Tractorpulling anlässlich der 24. Weltmeisterschaft im Pflügen statt. Einige amerikanische Traktoren samt Bremswagen nahmen Teil und stahlen der eigentlichen Veranstaltung die Show. Die Kunst im Tractorpulling ist es, eine Wettkampfbahn im Voraus richtig einzuschätzen und den Traktor richtig abzustimmen. An den Start gehen verschiedene Klassen: Einsteiger (Aufsitzmäher), Bauern-Klasse (Serienschlepper mit Straßenzulassung), Standard-Klasse (geringfügig veränderte Serientraktoren), Sport-Klasse (getunte Traktoren), Pro-Stock-Klasse (Serienschlepper mit nur einem Turbolader und Dieselmotor), Super-Stock-Klasse (Eigenbau mit originaler Optik), Freie Klasse (selbstgebaute Prototypen, ein bis mehrere Motoren, Stahlkäfig, Spezialreifen, Leistungen von mehr als 5000 kW üblich). Wer niemanden findet, der ihn mal so ein Gerät fahren lässt, kann es sich ja selbst bauen. Aber dran denken: Seit 2020 dürfen Dieseltraktoren in der Deutschen Meisterschaft keine fossilen Brennstoffe mehr verwenden.

hatte ich ○

habe ich ○

will ich ○

Motor	alles erlaubt	Leistung (PS)	oft mehr als 6800 PS
Hubraum (ccm)	egal	Vmax (km/h)	unwichtig

Honda F560

Japan

hatte ich ○

habe ich ○

will ich ○

Auf Achse

Wer sich als Schlepperfan ernst nimmt, muss natürlich auch mal einen Einachsschlepper ausprobieren. Der Vorteil dieser Geräte: Sie sind vergleichsweise günstig. Nachteil: Man muss hinterherlaufen. Aber es gibt auch Tricks, diesen Schleppern, deren idealer Einsatzort der Garten am Gutshof oder auf großen Grundstücken ist, ein Schnippchen zu schlagen. Nehmen wir zum Beispiel den Honda F560 mit seinen knapp fünf PS aus einem Einzylinder-Viertakter. Man kann ihn mit Drehpflügen oder Bodenfräsen kombinieren, aber auch mit einem einachsigen Anhänger. Der besitzt eine robuste, verschweißte Stahlwanne, eine Heckklappe sowie doppelt kugelgelagerte Räder. Und: eine Kunststoff-Sitzschale über der Deichsel. Wie praktisch. Da fühlt man sich mit sechs Vor- und zwei Rückwärtsgängen, der Einzelradkupplung als Lenkhilfe, dem zweiteiligen 19-Kilo-Frontgewicht und dem Frontzugmaul mit Befestigungsmaterial fast wie auf einem richtigen Traktor.

Motor	Einzylinder	Leistung (PS)	4,8
Hubraum (ccm)	163	Vmax (km/h)	k.A.

Fendt Favorit 622 LS

Deutschland (1980–1982)

Think big

Der Fendt Favorit 622 LS (interne Typbezeichnung FWA 291) gilt als einer der ersten Großtraktoren – 211 PS aus einem Sechszylinder-Diesel von MAN waren 1980 eine Ansage, 828 Nm bei nur 1500 Umdrehungen ebenfalls. Die aufgelöste Transaxle-Bauweise sorgte für eine günstige Gewichtsverteilung von 50 Prozent auf die Vorderachse und 50 Prozent auf die Hinterachse – nicht nur ein Wunschwert für Sportwagen, sondern auch für große Landwirtschaftshelfer wie den Favorit. Entsprechend großdimensionierte Reifen mit Multipass-Effekt gestatten es, ein Höchstmaß an Zugkraft am Boden abzustützen – das Gewicht von fast zehn Tonnen half zusätzlich. Das Getriebe besaß 18 Vorwärts- und sechs Rückwärtsgänge, wahlweise 16 Vorwärts- und 16 Rückwärtsgänge. Alle 622er besaßen übrigens ein grün lackiertes Dach. Der letzte 622er wurde im Mai 1982 montiert. Nur 19 Stück entstanden insgesamt, wovon vier schon im Werk wieder umgebaut wurden. Kein Grund zum Aufgeben – und wenn es der letzte Traktor ist, der noch auf der Liste fehlt …

hatte ich ○

habe ich ○

will ich ○

Motor	Sechszylinder-Diesel	Leistung (PS)	211
Hubraum (ccm)	11.400	Vmax (km/h)	39,5

Claas Lexion 8900 *Deutschland (seit 2019)*

hatte ich ○

habe ich ○

will ich ○

Der Assistent ist stets dabei

Bitte auch mal einen Mähdrescher mit „Cemos Auto Header" fahren! Zum Beispiel den Claas Lexion 8900. Die Lexion-Modelle sollen laut Claas die schlagkräftigsten am Markt sein, gemessen an geernteter Fläche oder Tonnen pro Jahr. Der Spritverbrauch beträgt einen Liter pro Tonne. Der „Cemos Auto Header" soll dabei das erste Assistenzsystem sein, das die Schneidwerkeinstellungen wie Tischlänge und Haspelposition automatisch an die jeweiligen Dreschbedingungen anpasst. Das führt zu einem homogenen Gutfluss und verbessert Leistung und Arbeitsqualität von Dreschwerk, Abscheidung und Reinigung. Und wenn Sie mal dringend die Fruchtart wechseln müssen, lässt sich das durch wenige und einfache Handgriffe bewerkstelligen. Es gibt ein vergrößertes Korntanksichtfenster zur schnellen Erntegutkontrolle, ein Abtankrohr mit 105-Grad-Schwenkwinkel und Klimatisierung mit neuer Luftführung für kühlen Kopf und warme Füße. Mit 790 PS und 3400 Newtonmeter maximalem Drehmoment für 25 Tonnen Eigengewicht lässt es sich bestens dreschen. Für alle, die auf ihr Budget achten müssen: Der Basispreis beginnt bei gut 850.000 Euro ...

Motor	Sechszylinder-Diesel	Leistung (PS)	790
Hubraum (ccm)	16.200	Vmax (km/h)	40

Porsche-Diesel Master 419

Deutschland (1960–1963)

Master, the red nose Ren-Diesel

Sieben Gänge? Pah. Das hat doch jeder moderne Porsche. Wer Außergewöhnliches mag, steht auf zwölf. Wie im Porsche Master. Mit einem Hebel wählt man, ob man sich kriechend, langsam fahrend oder rückwärts rangierend fortbewegen will. Ein zweiter bietet die Übersetzungen 1 bis 4 an. Richtig gewählt kann man damit jedes Tempo einhalten – bis zu lockeren 60 km/h auf der Landstraße. Der Master ist der 911 GT2 unter den Porsche-Treckern: Mit 50 PS bei 2100 Umdrehungen war er damals fast unschlagbar, auch dank des Porsche-Optima-Verbrennungsverfahrens. So ein Master 419 wiegt 2,2 Tonnen, die Räder messen 30 Zoll. Über eine ölhydraulische Strömungskupplung und eine mechanische Doppelkupplung wird das starke Drehmoment an das ZF-Getriebe geleitet. Der stärkste Porsche-Trecker besitzt 1100 Kilo Hydraulikkraft und ist damit in der Lage, große Mehrscharpflüge oder besonders breite Geräte zu ziehen. Es entstanden 1176 Master 419. Bereits 1959 belegte Porsche-Diesel übrigens Platz zwei in der Traktoren-Zulassungsstatistik. Insgesamt wurden bis 1966 knapp 120.000 (natürlich luftgekühlte) Porsche-Diesel-Traktoren gebaut.

hatte ich ○

habe ich ○

will ich ○

Motor	Vierzylinder-Diesel	Leistung (PS)	50
Hubraum (ccm)	3500	Vmax (km/h)	19,4

Fendt Vario 1050 *Deutschland (seit 2015)*

hatte ich

habe ich

will ich

Vario forever

Das stufenlose Vario-Getriebe ist eine Neverending-Story für Fendt – am 27. November 2016 verließ das 250.000. Vario-Getriebe das Band. Seit 2015 steckt es auch in der 1000er-Reihe, einem 380 bis 517 PS starken Zugschlepper. Top-Modell ist der 1050 – wer Ehrgeiz entwickelt hat, nimmt sich natürlich den Ritt auf diesem Kraftpaket als Aufgabe vor. Auch beim 1050 wird die Vorderachse unabhängig von der Hinterachse über einen eigenen Hydromotor angetrieben. Der Motor kommt mit Vierventiltechnik und Hydrostößel, das Fendt-eigene Niedrigdrehzahlkonzept sorgt für einen Drehzahlbereich von 650 bis 1700 Umdrehungen. Der sogenannte „FendtONE"-Fahrerarbeitsplatz kommt dabei mit neuer Armlehne, die Tastenbelegung funktioniert über den „Individual Operation Manager". Gefahren wird mit Joystick samt Reversiertaste. Die Fendt Stability Control reduziert bei Tempi über 20 km/h automatisch die Seitenneigung und unterdrückt aktiv ein Wanken bei Kurvenfahrten. Das Design des Schleppers wurde dazu noch mit dem Red Dot Design Award und dem IF Design Award ausgezeichnet. Somit ist man also nicht nur stark und schnell unterwegs, sondern auch noch zertifiziert schön.

Motor	Sechszylinder	Leistung (PS)	517
Hubraum (ccm)	12.419	Vmax (km/h)	60

Fendt F18 Dieselross

Deutschland (1937–1949)

Das beste Pferd im Stall

„Ich sattele jetzt mein Dieselross und geh' die Sonne putzen ..." Na, wie klingt das? Wunderbar – und vor allem: Es ist machbar. Man muss nur ein Fendt Dieselross fahren – wir haben uns dafür den F18 ausgesucht. Das Fendt Dieselross war der zweite Traktor, den Johann Georg Fendt auf den Markt brachte. Auf der gleichnamigen Baureihe baute er seine Marke auf. Die erste Dieselross-Serie wurde als Kleinschlepper mit 6 PS hergestellt und kam 1930. Es war der erste europäische Diesel-Kleinschlepper, der zudem mit einem fahrunabhängigen Mähwerk und einem Anbaupflug ausgestattet war. Der Name „Dieselross" wurde gewählt, weil das Gerät dem Bauern das Pferd ersparen sollte. Der F18 wurde 1937 mit 16 PS, erstmals mit zwei Einspritzventilen und mit fahrunabhängiger Zapfwelle angeboten. Auffälligstes Kennzeichen gegenüber seinem Vorgänger waren die Hinterradkotflügel und die größer dimensionierten Hinterräder. 1942 musste die Produktion kriegsbedingt eingestellt werden, danach wurde mit überarbeitetem Motor bis 1949 weiterproduziert. Für viele zeitgenössischen Nutzer war der robuste und zuverlässige Traktor das beste Pferd im Stall. 3212 Stück wurden gebaut.

hatte ich ○

habe ich ○

will ich ○

Motor	Einzylinder-Diesel	Leistung (PS)	16
Hubraum (ccm)	1797, 1810	Vmax (km/h)	15

Fendt Favorit 1

Deutschland (1958–1962)

hatte ich

habe ich

will ich

Ganz vorne

Fendt hat so viele Traktoren hergestellt – welchen nehmen, um einen Großschlepper aus der späten Wirtschaftswunderzeit auszuprobieren? Wir empfehlen den 2300 Kilo schweren Favorit 1. Er ist eine Weiterentwicklung des Dieselross F 40 U. Neu war vor allem der Dreizylinder-Motor mit einem besonders ruhigen Lauf bei vorbildlicher Schonung aller Bauteile. Trotz dieser Innovation von MWM (wassergekühlter Dreizylinder-Viertakt-Dieselmotor mit Gleichdruck-Vorkammerverfahren, Druckumlaufschmierung, mechanischem Fliehkraftregler, vierfach gelagerter Kurbelwelle, hängenden Ventilen, Ölbadluftfilter, Bosch-Einspritzpumpe und Zweikreisthermostat zur Verhinderung von Überhitzung) und vieler mitgelieferter Extras war der Favorit 1 mit 14.170 Mark um 2085 Mark billiger als sein Vorgänger. Allwetterverdeck, Forstseilwinde und den Frontlader der Größe III mit 600 Kilo Ladegewicht gab es optional. Mit dem Paket stemmte sich Fendt mit Erfolg gegen die Absatzkrise: 2759 Stück wurden gebaut.

Motor	Dreizylinder-Diesel	Leistung (PS)	40
Hubraum (ccm)	3120	Vmax (km/h)	20

Mit dem Stromer erden

Hier sind die Elektro-Fans angesprochen: CO2-frei geht auch beim Traktor. Zum Beispiel mit dem Fendt e100 Vario, der 2018 den Innovationspreis vom Deutschen Weinbauernverband e.V. erhielt. Der E-Traktor von der AGCO GmbH aus Marktoberdorf ist der erste vollelektrifizierte Schmalspurschlepper im Weinbau. Die Batterien ermöglichen eine Nutzung im Realbetrieb von bis zu sechs Einsatzstunden. Viele elektrische und konventionelle Anbaugeräte können angeschlossen werden, da der e100 ab dem Motor wie ein konventioneller Schlepper konzipiert ist. Mit seinen 55 kW ist er ideal, um in Innenräumen – wie zum Beispiel Gewächshäusern – eingesetzt zu werden. Der maximale Leistungsbereich im Fahrmodus Dynamic bietet 75 PS und als Peak-Antriebsleistung stellt die Maschine im Betriebsmodus Dynamic+ kurzzeitig bis zu 90 PS zur Verfügung. Die Akkukapazität beträgt 100 kWh. Zugelassen für eine Geschwindigkeit von bis zu 40 km/h kann der E-Traktor in Kommunen sowie auf landwirtschaftlichen Betrieben zusätzlich im Kurzstreckentransport laufen. Es gibt sogar eine Start-Stopp-Funktion und Rekuperationsmöglichkeiten. Jetzt kann man sich also auch schon als Stromer erden ...

hatte ich ○

habe ich ○

will ich ○

Motor	E-Motor	Leistung (PS)	90
Hubraum (ccm)	–	Vmax (km/h)	40

Fendt 926 Vario

Deutschland (1996–2002)

hatte ich

habe ich

will ich

Variabel bis ins letzte Zahnrad

Der Fendt 926 Vario ist deshalb berühmt, weil er der erste Traktor weltweit mit stufenlosem Variogetriebe war. Muss man ausprobieren, oder? Die Markteinführung wurde allerdings sehr vorsichtig unternommen – man hatte Sorge vor Getriebeproblemen. Die aber waren unbegründet, die Technik erwies sich als zuverlässig. Ab 2001 wurde die Baureihe 900 mit der magnetventilgesteuerten Bosch-Radialkolben-Verteilerpumpe ausgerüstet. Diese Überarbeitung gestattete eine Überleistung von etwa zehn Prozent. Der MAN-Sechszylinder-Turbodiesel-Motor leistete 260 PS bei 2250 Umdrehungen, das maximale Drehmoment betrug 1094 Newtonmeter bei 1400 U/min. Ebenfalls 2001 wurde der Traktor mit Kompaktkühlung, Nadelbewegungssensor, elektronischer EDC-Motorregelung und mit einer Bosch-VP-44-Radialkolben-Verteilerpumpe mit Spritzversteller ausgerüstet. Die maximale Leistung stieg auf 286 PS, das maximale Drehmoment auf 1180 Nm. Die Kraft reichte völlig für den 8250 Kilo schweren Allrad-Traktor. 3358 Exemplare wurden gebaut. Da lässt sich bestimmt das eine oder andere Exemplar für eine Spritztour auftreiben …

Motor	Sechszylinder-Diesel	Leistung (PS)	260, 286
Hubraum (ccm)	6871	Vmax (km/h)	50

Fendt Ideal 10	*Deutschland (seit 2018)*

Darauf ein(en) Korn

Die einen wollen in ihrem Leben unbedingt mal einen Bagger fahren, die anderen Mähdrescher. Letzteren können wir den Fendt Ideal 10 empfehlen. Zur Verwirklichung des Modells wurden Landwirte befragt, welche Anforderungen ein Mähdrescher erfüllen muss, um die Ernte zu vereinfachen. Das Ergebnis: der Ideal 10. Er kommt mit überzeugenden 790 PS aus 16,3 Litern Hubraum. Die 4837 Meter langen Rotoren haben einen Durchmesser von 600 Millimetern. Maximal lassen sich 17.100 Liter Korn bunkern, das man mit 210 Litern pro Sekunden entladen kann. Was den Fendt Ideal 10 von anderen Mähdreschern unterscheidet, ist der Dual-Helix-Prozessor: Alle Bestandteile der Rotoren wie Schlagleisten und Rotorfinger sind wie bei einer Helixstruktur in vier Reihen angeordnet. Das Herzstück der einfachen und intuitiven Bedienung des Fendt Ideal ist die Armlehne: Hier befinden sich der Joystick und die Taster für die Maschinenfunktionen. Dazu gibt es ein kleines Digitaldisplay für die wichtigsten Maschineneinstellungen per Fingertipp oder Tastendruck. Auch wenn sich das alles echt easy anhört: Vor der Tour doch lieber noch einen Schnellkurs im Mähdrescherfahren absolvieren ...

hatte ich ○

habe ich ○

will ich ○

Motor	Sechszylinder-Diesel	Leistung (PS)	790
Hubraum (ccm)	16.200	Vmax (km/h)	40

Fendt Wasserstoff-Traktor

Deutschland (2023)

hatte ich ◯

habe ich ◯

will ich ◯

Vorhaben für die Zukunft

Denken wir mal ein bisschen an die Zukunft: Wasserstoff. Denn auch dieser Kraftstoff zieht in den Traktorenbau ein. Fendt zum Beispiel hat bereits einen Wasserstoff-Traktor vorgestellt, noch allerdings „nur" als Prototyp. Die Firma beteiligt sich gemeinsam mit anderen Partnern an dem landwirtschaftlichen Modellprojekt „H2Agrar" in Niedersachsen zur Erforschung einer Wasserstoffinfrastruktur für eine landwirtschaftliche Nutzung. Dafür hat Fendt im April 2023 seine zwei Prototypen der ersten Generation an landwirtschaftliche Betriebe im niedersächsischen Haren (Emsland) ausgeliefert. Diese werden über den gesamten Projektzeitraum auf den landwirtschaftlichen Testbetrieben unter Realbedingungen eingesetzt. Innerhalb des Projekts soll der Wasserstoffverbrauch der Traktoren ermittelt werden. Gleichzeitig werden die technischen Anforderungen an eine geeignete Wasserstoff-Infrastruktur für die Landwirtschaft erforscht. Agroelectric- oder Windkraftanlagen erzeugen Strom auf land- und forstwirtschaftlichen Flächen und nutzen ihn zur Wasserstofferzeugung. Auch aus Biogasanlagen oder Restholz aus dem Wald lässt sich Wasserstoff herstellen. Okay, fahren kann man ihn noch nicht. Aber irgendwann schon, weswegen man schon jetzt darüber nachdenken kann.

Motor	k.A.	Leistung (PS)	k.A.
Hubraum (ccm)	k.A.	Vmax (km/h)	k.A.

Unimog 70200

Deutschland (1948–1951)

Der Tausendsassa

Jeder kennt ihn, jeder hat schon mal einen gesehen, und wohl jeder mit Offroad im Blut möchte mit ihm mal in unwegsames Gelände: der Unimog. Offiziell erhielt das „Universal-Motor-Gerät" den Namen am 20. November 1946. Der Tausendsassa wurde ab 1948 serienmäßig zunächst in Göppingen bei der Gebr. Boehringer GmbH gebaut. 1950 übernahm der bisherige Motorenlieferant Daimler-Benz die Produktion. Konstruiert wurde er als allradgetriebener Geräteträger und Klein-Lkw. Er sollte einem zweiachsigen Schlepper ähneln, aber vier gleich große Räder, Allradantrieb mit Differenzialsperren, schraubengefederte Portalachsen, geschützte Antriebswellen, Trommelbremsen rundum und einen Leiterrahmen haben. Darüber hinaus waren eine mittig angeordnete Ladefläche für eine Nutzmasse von 1000 Kilo, ein wettergeschütztes, zweisitziges Fahrerhaus, eine Schleppvorrichtung am Heck des Fahrzeuges und eine Riemenscheibe sowie die Möglichkeit, Anbaugeräte anzubringen, vorgesehen. Infolge der anfangs viel zu kleinen Serie lag sein Preis bei 11.320 DM – doppelt so hoch wie der eines vergleichbaren Schleppers. Wer die Möglichkeit hat, sollte nicht nur den Ur-Unimog, sondern auch einen aus der Baureihe 406 und einen modernen Unimog fahren – alle lohnen sich.

hatte ich ○

habe ich ○

will ich ○

Motor	Vierzylinder-Diesel	Leistung (PS)	25
Hubraum (ccm)	16.970	Vmax (km/h)	52

MB-trac 1800 Turbo Intercooler

Deutschland (1990–1991)

hatte ich

habe ich

will ich

Der Trick mit dem trac

Der Unimog ist Super-Kult, der MB-Trac immerhin noch Kult. Der Mercedes-Traktor lief erstmals im Juli 1973 vom Band und hat sein fünfzigstes Lebensjahr damit bereits überschritten – auch wenn man es ihm nicht ansieht. Der MB-trac war die Antwort von Mercedes-Benz auf den wachsenden Bedarf an leistungsfähigen, vielseitigen Traktoren Ende der 1960er-Jahre. Über die Jahre wurde eine Vielzahl von MB-trac-Modellen mit verschiedenen Motorisierungen und Ausstattungen produziert. Das wahlweise 14/14- oder 16/16-Gang-Wendegetriebe war ein vollsynchronisiertes DB-Schaltgetriebe mit integriertem Vorderradabtrieb. Dieses konnte durch weitere sieben beziehungsweise acht Kriechgeschwindigkeiten im Vor- und Rückwärtsbereich erweitert werden. Der 1800 Intercooler besaß eine großvolumige und gleich große Terra-Bereifung an allen vier Rädern, Außenplanetenachsen und eine hydrostatische Servolenkung. Die Differenzialsperren in Vorder- und Hinterachse waren während der Fahrt pneumatisch zu- und abschaltbar. Durch die zwischen den Achsen platzierte Fahrerkanzel standen den MB-trac-Besitzern drei Anbauräume in Front, Aufbau und Heck zur Verfügung. Nur 190 Stück entstanden – zum Grundpreis von je 152.765 Mark.

Motor	Sechszylinder-Turbodiesel	Leistung (PS)	180
Hubraum (ccm)	5958	Vmax (km/h)	40

RS 02/22 „Brockenhexe“ *DDR (1949–1952)*

Mysterium aus der DDR

Das soll jetzt gar nicht zweideutig klingen: Klettern Sie doch mal auf eine Brockenhexe! Zumindest war das der Spitzname des DDR-Traktors RS 02/22 aus dem Schlepperwerk Nordhausen. Er wurde von 1949 bis 1952 gefertigt und war im Prinzip der Nachbau einer Produktion aus der Zeit vor 1945. Einige Baugruppen wie Motor und Getriebe wurden vom Normag NG 10 übernommen, vom MBA 751 Schlepper stammte die Haube, von der man noch die Presswerkzeuge besaß. Der Motor vom Typ F2M 414 war ein Lizenzbau von Deutz mit 22 PS bei 1500 Umdrehungen pro Minute. Später bot das Traktorenwerk Nordhausen einen Nachbaumotor mit der Bezeichnung 2 VD 14/10 SRW an. Das Viergang-Getriebe vom Typ F12 erlaubte einen Geschwindigkeitsbereich bis zu 17,8 km/h. Gebremst wurde auf hinteren Innenbacken. Eine Heckzapfwelle lieferte 540 Umdrehungen, die fahrkupplungsanhängig waren. Der RS 02 konnte auch mit Riemenscheibe und Zapfwelle ausgestattet werden, die als Sonderausstattung bestellt werden mussten. Vom RS 02 wurden in vier Jahren Fertigungszeit nur 1935 Exemplare gebaut – die „Brockenhexe“ musste letztlich Fertigungskapazitäten für den „Pionier“ und RS 04/30 abgeben.

hatte ich ◯

habe ich ◯

will ich ◯

Motor	Zweizylinder-Diesel	Leistung (PS)	22
Hubraum (ccm)	2200	Vmax (km/h)	17,8

Paul Hebekabine

Deutschland (seit 2017)

hatte ich

habe ich

will ich

Wir gehen einen heben

Ok, Paul baut keine vollständigen Traktoren, bietet aber eine durchaus kuriose Besonderheit für Großtraktoren an: Hebekabinen. Paul Nutzfahrzeuge hat jüngst eine hydraulische Hub- und Drehvorrichtung entwickelt. Bei der Umbaulösung wird die komplette Fahrerkabine inklusive der Kotflügel per Joystick über einen horizontal eingebauten Hydraulikzylinder um rund 35 Zentimeter angehoben und um 75 Zentimeter nach hinten versetzt. In der erhöhten Arbeitsposition kann die Kabine dann bis maximal 200 Grad im Uhrzeigersinn stufenlos gedreht werden, ohne dass der Fahrer seine Sitzposition ändern muss. Beispiel Deutz-Fahr Serie 9: Die Fahrzeughöhe des Schleppers beträgt mit abgesenkter Kabine 3,70 Meter. In der angehobenen Arbeitsposition liegt die Höhe bei rund vier Metern. Während der 336 PS starke Deutz TTV 9340 Agrotron auf der Straße weiterhin mit einer zulässigen Höchstgeschwindigkeit bis 60 km/h fährt, kann er in der Arbeitsstellung mit gehobener und gedrehter Kabine mit bis zu 15 km/h bewegt werden. Was für ein Erlebnis!

Motor	Je nach Basisfahrzeug	Leistung (PS)	k.A.
Hubraum (ccm)	k.A.	Vmax (km/h)	k.A.

Holmer Terra DOS 5-40

Deutschland (seit 2023)

Freiheit über der Rübe

Einmal im Leben sollte man einen selbstfahrenden Rübenroder entern – zum Beispiel den Terra DOS 5 von Holmer. „Terra" ist lateinisch und steht für „Erde" und damit für den Schutz des Ackerbodens; „Dos" – spanisch für „zwei" – meint die zweite Fahrspur, die durch das Fahren im Hundegang ermöglicht wird. Greifen wir also gleich in die Vollen, in diesem Fall bevorzugen wir die dreiachsige Variante Terra DOS 5-40. Als Motor arbeitet eine MTU-Maschine mit 652 PS. Die Kabine wurde um 18 Zentimeter verlängert, die Bedienelemente auf das Wesentliche reduziert und ergonomisch angeordnet. So soll ein Gefühl persönlicher Freiheit auf dem Rübenroder entstehen. Die Anzeige im Cockpit ist angelehnt an bekannte Formate aus dem Automobil- und Smartphonebereich, um einen schnellen Wiedererkennungswert und eine intuitive Bedienbarkeit zu schaffen. Eine Fußbodenheizung für kalte Arbeitstage, ein integrierter Staubsauger sowie eine überarbeitete Kabinenplattform mit neuem Aufstieg für ein größeres Platzangebot schaffen ein angenehmes Arbeitsumfeld. Wer gleich ein solches 32-Tonnen-Fahrzeug kaufen will: Terra Dos 5-40 als Sechsreiher kostet netto 641750 Euro.

hatte ich ○

habe ich ○

will ich ○

Motor	R-Sechszylinder-Turbodiesel	Leistung (PS)	652
Hubraum (ccm)	15.569	Vmax (km/h)	40

Case IH Patriot 50 Series 4450

USA (seit 2022)

hatte ich

habe ich

will ich

Kampfsprayer voraus

Man muss kein Star Wars-Fan sein, um den Case IH Patriot 50 Series-Sprayer fahren zu wollen – aber es hilft: Auf den ersten Blick sind deutlich Ähnlichkeiten zu den filmischen Kampfläufern „AT-AT" zu erkennen, siehe hoher Aufbau und optische Frontlastigkeit. Während so ein „AT-AT" allerdings rumballerte, ist der Case IH darauf ausgelegt, produktiver Düngemittel zu versprühen. Die charakteristische nach vorn gerichtete Kabine mit dem Heckmotor und der starke, langlebige Ausleger sind entscheidende Elemente des „agronomischen" Designs. Der Fahrer verlässt sich dabei auf die MultiControl-Armlehnenanordnung und den Multifunktionsgriff. Eine Fahrwerksaufhängung mit vier Lenkern und ein Federweg von gut 20 Zentimetern sind Garanten für Stabilität und Bedienerkontrolle. Darüber hinaus ermöglichen Achsverstelloptionen, die Achsspurweite schnell und einfach an die Bedingungen und das Gelände anzupassen. Der 4450 verfügt über einen gut 6000 Liter fassenden Tank. Sein FPT-Sechszylinder (Fiat Powertrain Technologies) bietet eine Spitzenleistung von 415 PS und erreicht auf der Straße eine Höchstgeschwindigkeit von 60 km/h.

Motor	Sechszylinder-Diesel	Leistung (PS)	415
Hubraum (ccm)	8700	Vmax (km/h)	60

New Holland T7.270 Methane Power CNG

USA (2023)

Scheiss-Fahrt

Wer up-to-date sein will, muss natürlich die allerneueste Technik ausprobieren – zum Beispiel die im New Holland T7.270 Methane Power CNG. Der ist für den Einsatz von Biomethan in der Landwirtschaft ausgelegt und wird seit der zweiten Hälfte des Jahres 2024 gebaut. Er ist mit dem bewährten 6,7-Liter-NEF-Methangasmotor ausgestattet, der hier 270 PS und 1160 Newtonmeter maximales Drehmoment liefert. Mit 1265 Litern Kraftstoff an Bord weist der T7.270 CNG eine um 178 Prozent höhere Kapazität auf als der T6.180 Methane Power (455 Liter). Das Ergebnis ist ein Traktor, der nicht nur leistungsstärker ist, sondern auch wesentlich mehr Betriebsstunden bis zum nächsten Tankstopp bewältigt. Durch die saubere Verbrennung von Biomethan ist kein Abgasnachbehandlungssystem und kein Partikelfilter erforderlich. Dadurch entsteht mehr Platz für den Kraftstoffvorrat. Zudem lässt sich der T7.270 Methane Power CNG mit Biomethan aus Mist und Gülle betanken. Damit ist das Agrarfahrzeug, das mit einer sehr leisen Kabine (66 Dezibel) aufwartet, die ideale Lösung für Betreiber von Biogasanlagen. Davon gibt es in der Europäischen Union mehr als 17.000, über 11.000 in Deutschland.

hatte ich ◯

habe ich ◯

will ich ◯

Motor	Sechszylinder	Leistung (PS)	270
Hubraum (ccm)	6728	Vmax (km/h)	k.A.

Allgaier P 312

Deutschland (1953–1954)

hatte ich

habe ich

will ich

Aerodynamische Kaffeefahrt

Schon mal einen vollverkleideten Traktor gefahren? Nein? Dann wird's Zeit. Man muss nur einen finden – zum Beispiel beim Porsche Reunion VII in Laguna Seca im Jahr 2023. Unter dem aerodynamischen Blechkleid befindet sich ein normaler Allgaier-Traktor, System Porsche. Tatsächlich hat die auffällige Karosserie allerdings nichts mit Aerodynamik zu tun: Der P 312 war ein Spezialschlepper, der in Kombination mit einer Bodenfräse für den Einsatz in brasilianischen Kaffeeplantagen entwickelt worden war. Damit sich die Pflanzen nicht im Traktor verfangen, hatte man ihn verkleidet. Der Prototyp basierte auf Basis des AP 17 S und hatte 25 PS. Die Serie nahm jedoch den AP 25 als Basis, die Kraft stieg auf 30 Benziner-PS. Tatsächlich startete das orangene Fotomodell beim klassischen Traktorrennen des Porsche Treffens in Kalifornien, dem größten Markentreffen der Welt. Ob er im Show-Race gewonnen hat, und das vielleicht sogar wegen der genialen Luftführung, ist nicht überliefert. Sicher ist nur, dass auch der schnellste Mann der Welt, Andy Green, einen Porsche Master enterte und mitraste. Ausgerechnet er wurde Letzter ...

Motor	Zweizylinderr	Leistung (PS)	30
Hubraum (ccm)	1820	Vmax (km/h)	26,1

New Holland Straddle Tractor TE6.150N

USA (seit 2023)

Darauf einen Schampus!

Es gibt nicht viele Designer-Traktoren – dieser hier ist aber einer: Der Straddle Tractor TE6.150N wurde in Zusammenarbeit mit Ferraris Haus- und Hofdesigner Pininfarina entwickelt. Der Multifunktionstraktor ist für den Einsatz in engen Weinbergen gedacht. Besonderer Wert wurde auf Design, Komfort und Wendigkeit gelegt. Er erhielt 2022 den Good Design Award und den German Design Award. Der Concept-Tractor zeichnete sich durch sein futuristisches Aussehen aus, inspiriert von der Form eines Champagnerglases als Hommage an Premium-Winzer aus Regionen wie Champagne, Médoc und Burgund. Der Traktor passt sich den engen französischen Weinbergen und jedem Gelände mit ähnlichen Eigenschaften an. Er verfügt über drei unabhängige Werkzeugzonen für mehrere mögliche Gerätekombinationen. Maximale Manövrierfähigkeit wird durch das neue Superlight-Lenksystem gewährt. Die Blue Power-Lackierung soll übrigens die neuen Designlinien von New Holland widerspiegeln.

hatte ich ○

habe ich ○

will ich ○

Motor	Vierzylinder-Turbodiesel	Leistung (PS)	143
Hubraum (ccm)	3600	Vmax (km/h)	k.A.

Holmer Terra Variant 650

USA (seit 2021)

hatte ich

habe ich

will ich

Größer gehts kaum

In einen Superlativ einzusteigen, ist immer etwas Besonderes – so auch beim fast zehn Meter langen Holmer Terra Variant 650. Das mächtige Stück Technik ist der stärkste Terra Variant, den es je gab. Der Terra Variant 650 wird von einem Mercedes-Motor angetrieben, der 652 PS leistet. Er besitzt Allradlenkung und ein Leistungsgewicht von 34,4 Kilo pro PS, das ihn zum leistungsstärksten Gülleselbstfahrer der Welt macht. Ein stufenloses CVT-Getriebe, das für 3100 Nm Drehmoment ausgelegt, leitet die Kraft an alle vier Räder. Beim Anfahren von null bis fünf km/h steht die maximale Zugkraft zur Verfügung, das Fahrzeug fährt in diesem Leistungsbereich rein hydrostatisch. Im Hauptarbeitsbereich von 12 bis 15 km/h hat man einen 100 Prozent mechanischen Anteil im Getriebe, der für einen maximalen Wirkungsgrad sorgt. Die 40 km/h bei Straßenfahrt werden bereits bei spritsparenden 1250 Umdrehungen erreicht. Mit einem Top-Tempo von 40 km/h kann man allerdings auch die Fahrt zur Bar genüsslich auskosten. Wenn das keinen Eindruck macht – denn der Terra Variant von Holmer gehört zu den größten und stärksten Trägerfahrzeugen, die zurzeit auf dem Markt sind.

Motor	R-Sechszylinder-Turbodiesel	Leistung (PS)	625
Hubraum (ccm)	15.56	Vmax (km/h)	40

Case IH Farmlift 935

USA (2021–2023)

Mit Arbeitswut hoch hinaus

Das Leben ist ein Streben nach oben – wer es sich dabei leicht machen will, sollte einen Case IH Farmlift 935 zu Hilfe nehmen. Diese Maschine kommt mit einer Hubkapazität von 4200 Kilo und einer Reichweite von sieben Metern. Beim Betreten der überarbeiteten Kabine fallen Kennern sofort die – dank optimierter Motorhaube – verbesserte Sicht nach rechts (plus 9 Prozent) und die größere Ruhe auf. Zur umfassenden Neukonzeption gehört auch ein Freisicht-Dachfenster, das dem Fahrer ungehinderte Sicht nach oben bietet. Ausgestattet mit einem neuen 7-Zoll-Display und ergonomischen Bedienelementen an der Armlehne sollen sie eine gute Funktionalität bieten. Aufgrund von neuen intelligenten Hydraulikfunktionen wie Schütteln der Schaufel, Rückkehr zur Ausgangsposition, einstellbares Ansprechverhalten und einer starken CCLS-Pumpe spricht Case IH sogar von einem „arbeitswütigen Gerät“. Der niedrige Schwerpunkt und ein am Heck montierter Ausleger als Gegengewicht erleichtern die Arbeit zusätzlich.

hatte ich ○

habe ich ○

will ich ○

Motor	Vierzylinder-Diesell	Leistung (PS)	164
Hubraum (ccm)	44.850	Vmax (km/h)	40

John Deere Sesam 2 (Prototyp)

USA (2022)

hatte ich ○

habe ich ○

will ich ○

Sesam erkläre Dich

Der John Deere Sesam 2 ist eine vollelektrischer und fahrerloser Traktor-Prototyp. Er besitzt zwei E-Motoren, führt eine 1000 kWh-Batterie mit sich und leistet 680 PS. Die Batterieladung soll einen Tag reichen. Sesam steht dabei für „Sustainable Energy Supply for Agriculture Machinery". Der erste Prototyp von 2017 hatte zwei Elektromotoren, fuhr stufenlos und leistete 177 PS. 2019 kam der Nachfolger – ohne Kabine und statt einer Batterie unter der Haube eine Kabeltrommel an Bord. Der nun autonom fahrende Prototyp Sesam 2 soll voll funktionsfähig sein und wurde im Feld getestet. Das Besondere am neuen Sesam 2-Traktor ist die abkoppelbare Kabine. Um den Traktor auf das Feld zu fahren, kuppelt der Fahrer über ein Weistedreieck in der Fronthydraulik eine Kabine an den Traktor. Am Feld angelangt, lässt sich die Kabine abstellen und als Kontrollplatz für den Fahrer nutzen, während der autonome Traktor seine Arbeit auf dem Feld verrichtet. Vermutlich lässt sich der autonome Traktor auch über ein Tablet manuell steuern. Laut John Deere ist Sesam 2 bislang aber nur „ein visionäres Maschinenkonzept und aktuell ist noch nicht absehbar, ob daraus ein Produkt wird."

Motor	E-Motor	Leistung (PS)	680
Hubraum (ccm)	–	Vmax (km/h)	k.A.

JCB 3CX Sitemaster ECO mit Marmorsäge

USA (2019–2023)

Sägen Sie mal, ob's geht

Sie wollten nach Konsum des Kinoschockers „Texas Chainsaw Massacre" schon immer mal den Wilden markieren, und das natürlich mit einer Kettensäge? Da müssen Sie nur in den Marmorbruch Cala Valsora bei Massa in 900 Metern Höhe in den Apuanischen Alpen fahren, wo der berühmte Carrara-Marmor geerntet wird. Beim Abbau des berühmten Marmors hilft nämlich ein JCB 3CX Sitemaster ECO mit einer gigantischen Kettensäge. Das Basisgerät verfügt über einen Dieselmotor mit 74 PS, zur Standardausstattung gehören Endlagendämpfung, High-Flow-Zusatzhydraulik, Zylinder- und Rückleuchten-Schutz, Anfahrschutz und integrierte LED-Warnleuchten. Bei Bedarf wird automatisch von Allrad- auf Zweiradantrieb downgesized, um unnötigen Reifenverschleiß und Kraftstoffverbrauch zu reduzieren. Das neue Lenkrad im 3-Speichen-Design bietet eine verbesserte Sicht auf das neue Frontdisplay. Die Schwingungsdämpfung ist serienmäßig, sie verbessert den Fahrerkomfort und gleichzeitig die Lastrückhaltung. Der „Auto Drive" ermöglicht es dem Bediener, während der Fahrt automatisch eine gewählte Motordrehzahl beizubehalten. Und die Säge? Die kann ganze Berge versetzen ...

hatte ich ○

habe ich ○

will ich ○

Motor	Vierzylinder-Turbodiesel	Leistung (PS)	91
Hubraum (ccm)	4400	Vmax (km/h)	47

Allgaier AP17

Deutschland (1950–1954)

hatte ich

habe ich

will ich

Erfolgreicher Billigheimer

Muss man testen: Der Allgaier AP17, ein mit 2000 Umdrehungen schnell laufender, zweizylindriger 18-PS-Schlepper, war das Ergebnis der ersten Kooperation von Allgaier und Porsche und wurde in Sachen Verkaufszahlen ein echter Renner. 1949 erwarb Allgaier die notwendigen Lizenzen zum Bau des ehemaligen Volksschleppers. Auf der ersten Landwirtschaftsausstellung nach dem Krieg in Frankfurt stahl er damit der Konkurrenz die Show – der AP17 war mit 4500 Mark fast unschlagbar günstig. Der Wettbewerb musste daraufhin seine Preise für Traktoren um 20 Prozent senken, damit sie überhaupt noch ein Rad auf den Boden bekamen. Das lag auch an der Bauart des AP17, einem leichten und schnellen Traktor mit Luftkühlung und Hydro-Strömungskupplung. Motor- und Getriebegehäuse waren aus einer speziellen Aluminiumlegierung namens Silumin gefertigt. 1951 lief schon der 5000. AP17-Schlepper vom Band, rund 5500 wurden es insgesamt. 1956 übernahm die Porsche-Diesel-Motorenbau GmbH die Produktion und begann am Anfang Januar 1956 mit der Produktion der Porsche-Diesel-Traktoren in Friedrichshafen am Bodensee.

Motor	Zweizylinder-Diesel	Leistung (PS)	18
Hubraum (ccm)	1374	Vmax (km/h)	19,4–40

JBC Fastrac 8330

Großbritannien (2016–2020)

Ab auf die Autobahn ...

... um mal mit einem fetten Gerät richtig schnell zu fahren! In den 1980er Jahren erkannte die Firma JCB dass es eine Marktlücke für schnellfahrende Traktoren gab. Sie fand heraus, dass ein Landwirt 70 Prozent seiner Zeit auf einem Traktor damit verbrachte, über Straßen zu tuckern. 1990 kamen die ersten Traktoren auf den Markt, die bis zu 80 km/h schnell waren. Und damit sogar Autobahnen nutzen durften. Heute bietet sich zum Beispiel der JBC Fastrac Serie 8330 an: 11.000 Kilo schwer, aber 70 km/h schnell – dank 348 PS und 1450 Nm starkem Sechszylinder-Motor und stufenlosem Getriebe. Selbstverständlich gibt es Allradantrieb und eine Differenzialsperre. Der Fahrkomfort resultiert aus einer Kombination von guter Federung und mittig montierter Kabine. Scheibenbremsen rundum sorgen für eine zuverlässige Energievernichtung, ABS ist serienmäßig. Die 8000er-Serie besitzt sogar eine Zweikreislenkung. Der Pilot genießt beheizbare und belüftete Sitze sowie eine Klimaanlage mit Lichtsensor. Verstellbar sind Bildschirm, Sitz, Armlehne und konfigurierbare Bedienelemente. Dem Rasen steht nichts mehr entgegen ...

hatte ich ○

habe ich ○

will ich ○

Motor	Sechszylinder-Biturbo-Diesel	Leistung (PS)	335
Hubraum (ccm)	8419	Vmax (km/h)	70

Kaelble K 415 Z

Deutschland (1955–1961)

Einmal fahrendes Volk sein

Warum nicht mal cruisen mit einer Zugmaschine? Zu Wirtschaftswunderzeiten zogen diese Kaelble-Arbeitsgeräte am liebsten Zirkus- und Jahrmarktanhänger sowie Wohnwagen – letztlich aber alles, was den Menschen ein Einkommen bescherte oder sie beherbergte. Die Kaelbles sehen so liebenswert aus, weil ihre Schnauze mit dem Motor darunter genauso lang ist wie das Pickup-Abteil hinten – einfach knuffig. Sieben Liter Hubraum in einem Sechszylinder-Diesel sorgen für maximal 95 PS und 70 km/h Spitze. Das Drehmoment ist mit 441 Newtonmeter ordentlich – zumindest würdig für einen echten Schlepper, der schon mit einem Eigengewicht von 4750 Kilo zu kämpfen hatte. Unvergessen natürlich die Peilstäbe vorne mit den runden Bällen obendrauf – noch heute hilfreich, damit man den Klassiker nicht aus Versehen beim Rangieren kaltverformt. Oft waren die Kaelble zweifarbig lackiert. Leider sieht man sie heute nur noch ausgesprochen selten.

hatte ich ○

habe ich ○

will ich ○

Motor	Vierzylinder-Diesel	Leistung (PS)	95
Hubraum (ccm)	7063	Vmax (km/h)	70

Wacker Neuson RC70

Deutschland (2015–2022)

Da biste platt

Mal Lust, alles platt zu machen? Das ganze Unkraut auf dem Acker? Die Steuerunterlagen von vor 20 Jahren? Die Liebesbriefe von „Bauer sucht Frau“? Das geht wunderbar mit einer modernen Walze, oder noch besser: mit einem Walzenzug. Wie dem Wacker Neuson RC70. Der ist mit 4,4 Metern der kürzeste Walzenzug seiner Klasse – was Sinn macht bei Arbeiten in beengten Bereichen oder im Acker- und Landschaftsbau. Die Arbeitsplattform ist schwingungsentkoppelt. Durch den Antrieb mit Radmotoren ist keine Achse als Verbindung zwischen den Rädern notwendig. Ein niedriger Schwerpunkt bei gleichzeitig ordentlicher Bodenfreiheit sorgt für ein gutes Fahrverhalten. Das Dreipunkt-Knickpendel-Gelenk bewirkt eine gleichmäßige Verteilung des Gewichts auf die vorderen und hinteren Reifen, was ein gutes Verdichtungsergebnis ergeben soll. Die hydraulische Traktionskontrolle (Automatische Schlupfregelung) sorgt dafür, dass die Räder nicht durchdrehen, was sie in gewissen Grenzen steigfähig macht. Dem Fahrer bietet sich eine perfekte Rundumsicht, was Spiegel und Rückfahrkamera spart.

hatte ich ○

habe ich ○

will ich ○

Motor	Vierzylinder-Diesel	Leistung (PS)	74
Hubraum (ccm)	3331	Vmax (km/h)	12,5

Kässbohrer PistenBully 800

Deutschland (seit 2023)

hatte ich ○

habe ich ○

will ich ○

Einmal Hang-King sein

Nicht jeder Landwirt kennt es, aber viele: nerviger Schnee in den Hanglagen. Höchstens nett für die Nachbarskinder, die sofort den Schlitten entern und nicht nur die Schneedecke, sondern auch den Acker drunter unprofessionell pflügen. Die Lösung: Pistenbully fahren. Zugegeben: Das muss man erst ein bisschen lernen, denn das ist nicht ganz einfach. Aber wenn man es kann, ist man zweifellos der Hang-King, dank viel Power und Raupenantrieb. Bei Kässbohrer sind 18 verschiedene Modelle im Angebot. Der stärkste: PistenBully 800 mit Sechszylinder-Diesel, 15,3 Liter Hubraum, 612 PS. Fünf Laufradachsen mit größerer Kettenaufstandsfläche sorgen für beste Laufruhe, Schubkraft und Steigfähigkeit. Das AllWayBlade ist 5,95 Meter breit und 1,25 Meter hoch: Damit ist es das größte Schild am Markt. Auch in der Kabine fühlt man sich wohl, denn da gibt es eine optimierte Luftführung, großen Ablageflächen und viel Kopffreiheit. Wer das laut Kässbohrer sauberste und leiseste Pistenfahrzeug am Markt bevorzugt, muss zum PistenBully 600E+ greifen mit dieselelektrischem Antrieb. Wenn der Markt für die Wasserstoff-Technologie bereit ist, steht auch er mit einem Wasserstoff-Hubkolbenmotor bereit. Hoffentlich gibt's dann auch noch Schnee ...

Motor	Sechszylinder-Diesel	Leistung (PS)	612
Hubraum (ccm)	15.300	Vmax (km/h)	k.A.

Lanz Bulldog HP

Deutschland (1923–1926)

Auf den Hund gekommen

Wer kennt ihn nicht, den härtesten Hund der Traktoranfänge. Heinrich Lanz und sein Sohn Karl gelten als die Traktorpioniere in Deutschland, sie waren hierzulande die ersten großen Traktorhersteller und begannen 1912 ihr Geschäft. Nach dem ersten Weltkrieg stellte 1921 der einige Jahre vorher in die Firma eingetretene Dipl.-Ing. Dr. Fritz Huber einen Rohöltraktor mit 12 PS Leistung und Glühkopfzündung als Typ HL vor. Die Lanz-Mitarbeiter sahen im Frontdesign des Ackerschleppers die Züge der englischen Hunderasse – heute weiß jeder, was mit „Bulldog" gemeint ist: ein eisernes, Rohöl konsumierendes Getüm. 1923 folgte die Bezeichnung HP, da besaß der Bulldog bereits permanenten Allradantrieb mit kleineren Rädern vorne und größeren hinten sowie Knicklenkung und war voll auf die Landwirtschaft ausgerichtet. Dieses Bulldog-Modell gilt als erster in Serie gefertigter Knicklenker-Traktor.Der Einzylinder mit 6,22 Litern Hubraum leistete zuerst 12 PS, später 15 PS und 18 PS. Der Traktor setzte für die damalige Zeit Maßstäbe: 723 Stück wurden gebaut zwischen 1923 bis 1926. So viel Historie sollte man nicht nur hören, sondern einmal im Leben auch spüren ...

hatte ich ○

habe ich ○

will ich ○

Motor	Einzylinder-Schwerölmotor	Leistung (PS)	12–18
Hubraum (ccm)	6220	Vmax (km/h)	4,3

Land Rover Series 1

Großbritannien (1948–1958)

Königlicher Willys-Klon

Das Fahren ist nur für Puristen ein Vergnügen. Kein Platz für Beine und Knie, kein Geradeauslauf, großes Lenkspiel, keine Servolenkung, laut und die Sitze sind dünn gepolstert – trotzdem oder deshalb ist es ein Erlebnis, einen Ur-Defender zu pilotieren. Die ersten Serienexemplare gab es ab 1948 als Pickup mit und ohne Plane und als Cabrio mit Stoffdach. Der Bruder und Chefkonstrukteur von Rover-Chef Spencer Wilks, Maurice Wilks, betrieb auf seiner privaten Farm einen im Weltkrieg zurückgelassenen Willys Jeep. Seine Idee: Sowas müsste es von Rover geben ... Der Land Rover war geboren. Der Prototyp basierte 1947 auf einem Willys-Chassis. Motor, Viergang-Getriebe und Achsen kamen aus dem Rover-Pkw-Regal, das Reduktionsgetriebe für den permanenten Allradantrieb war neu. Bei den ersten Vorserienwagen stand die Karosserie auf einem massiven Kastenrahmen, ein 1.6-Liter-Maschine pumpte mit 51 PS seine Kraft an alle vier Räder. Das reichte für viel Krach, reichlich Vibrationen und ein Top-Tempo von rund 85 km/h. Dennoch hatten die Wilks alles richtig gemacht: Selbst die Königsfamilie nutzt den Land Rover – sowohl als Repräsentationsfahrzeug und als Hilfe auf ihren Ländereien.

hatte ich ○

habe ich ○

will ich ○

Motor	Vierzylinder	Leistung (PS)	51
Hubraum (ccm)	1595	Vmax (km/h)	85

Eicher Unisuper G 400

Deutschland (1966–1969)

Haus- und Hof-Taxi

Der Geräteträger Unisuper hat wirklich viele Vorteile: Man kann alle Gäste seiner Gutshof-Fete auf einmal abtransportieren, so dass sich niemand benachteiligt fühlt. Und man hat sie alle im Blick, weil sich die Ladefläche vor der Fahrerkabine befindet. 25 PS bis 40 PS aus einem Zwei- oder Dreizylinder-Dieselmotor reichten zumindest damals völlig aus. Der kleinste, der Unisuper G 250, besitzt einen Zweizylinder-Motor und erreicht eine Leistung von 25 PS. Das ZF-Stiftgetriebe A205 ist ein Vierganggetriebe, geschaltet in drei Gruppen: Acker, Straße und rückwärts. Als einziger der Baureihe besitzt er noch eine Getriebe-Zapfwelle. Der G300 Unisuper kommt mit 30 PS Leistung. Das Topmodell, Unisuper G 400, wird von einem Dreizylinder-Motor mit 2,9 Liter Hubraum angetrieben und leistet 40 PS. Der stärkste der Unisuper verkaufte sich mit Abstand am besten, 209 Stück wurden gebaut. Jedoch neigte sich Ende der 1960er Jahre die Zeit der Geräteträger ihrem Ende zu. Einzig Fendt, der Marktführer in diesem Segment, konnte mit Erfolg weiter Geräteträger verkaufen, alle anderen Hersteller stellten die Produktion bald ein. Vielleicht auch, weil die Gäste dann doch echte Taxis bevorzugten ...

hatte ich ○

habe ich ○

will ich ○

Motor	Dreizylinder-Diesel	Leistung (PS)	40
Hubraum (ccm)	2944	Vmax (km/h)	20

Case IH Steiger Quadtrac STX 500 *USA (2004–2006)*

hatte ich ○

habe ich ○

will ich ○

Der kommt überall hin

Die Raupentraktoren schaffen alles – man nehme zum Beispiel einen Quadtrac STX 500 von Case IH Steiger und wühle sich mit 507 PS aus einem Cummins-Diesel auch durch den tiefsten Acker. Im Herbst 2000 führte Case IH neben den Steiger-Radtraktoren auch die neuen Quadtrac STX-Raupentraktoren ein. Erhältlich waren die Allradtraktoren sowohl mit Knicklenkung als auch mit Vorderachslenkung. Der Radstand war erheblich länger und die Hydraulikleistungen effizienter als bei den Vorgängermodellen. Im Herbst 2003 rundete der STX 500 die Palette nach oben ab. Die Quadtrac Version war etwa 20 Prozent teurer als die Radvariante. Speziell für den Einsatz als Zugfahrzeug von Anhängescrapern war die Heavy-Duty-Version (Kürzel HD) gedacht. Neben einem noch schwereren Rahmen war diese Version mit einem verstärken Knickgelenk ausgestattet. CNH Global führte im Jahr 2006 eine zweite Modellgeneration mit etwas leistungsfähigeren Motoren ein und ließ die STX Steiger-Serie 2007 auslaufen. Die Traktoren der STX Steiger-Serie wurden übrigens auch von der Schwestermarke New Holland in nahezu baugleicher Ausführung unter dem Namen „TJ" angeboten.

Motor	Sechszylinder-Turbodiesel	Leistung (PS)	507
Hubraum (ccm)	14.950	Vmax (km/h)	37

Swamp-Buggy Pro Modified

USA (ab ca. 1930)

Das Ding aus dem Sumpf

Sie haben richtig gelesen: Wer etwas auf sich und mehrrädrige Arbeitsgeräte hält, kommt auch an einem Sumpfrennwagen nicht vorbei. Die Swamp-Buggys kommen – natürlich – aus Amerika, dort wird sogar eine Weltmeisterschaft damit ausgetragen. Sie sind bis zu 900 PS stark und sechs Meter lang. Die in der Pro-Modified-Klasse mit ehemaligen NASCAR-V8 ausgerüsteten Motorungeheuer sind bestückt mit im Umfang bis zu 1,88 Meter großen Vollgummireifen – samt Schaufeln – und jagen somit auf, über und manchmal auch unter Wasser. Meistens in Florida, weil es dort riesige Sumpfgebiete gibt. Der Spaß begann in den 1930er-Jahren, als eine Gruppe Krokodil-Jäger ihre Jagd-Wagen tunten. Das erste Rennen fand am 12. November 1949 statt. Heute besitzen die Swamp-Buggys ein Lenkrad und ein Gaspedal, aber kein Bremspedal. Energievernichtung passiert nur durch Wasserwiderstand und Drosselklappenschließung. Übrigens: In Florida werden die Swamp-Buggys auch zur Strafverfolgung eingesetzt. So weit sind wir bei uns noch nicht, aber für die Durchquerung überfluteter Ländereien ist so ein Gerät durchaus eine Alternative.

hatte ich ○

habe ich ○

will ich ○

Motor	V8	Leistung (PS)	bis 900
Hubraum (ccm)	k.A.	Vmax (km/h)	k.A.

Lamborghini 5C TL *Italien (1962)*

hatte ich ○

habe ich ○

will ich ○

Lambo mal anders

Einen Lamborghini zu fahren, ist etwas ganz Besonderes. Das gilt auch für die Traktoren, mit denen Ferruccio Lamborghini das Geld verdiente, um seine Sportwagen bauen zu können. 1948 gründete er seine Firma Lamborghini Trattori, 1951 entstand die erste Eigenkonstruktion mit einem Sechszylindermotor von Morris. Innerhalb weniger Jahre konnte die Produktion von einem Traktor pro Woche auf etwa zweihundert Stück pro Jahr gesteigert werden. 1951 kam der L 33 als erster vollständig von Lamborghini in Serienfertigung hergestellter Schlepper auf den Markt. 1955 präsentierte Lamborghini seinen ersten Raupenkettentraktor. Ab 1962 fertigte Lamborghini mit dem Modell 2R DT eine Reihe von Traktoren mit Allradantrieb und luftgekühlten Motoren – 1963 baute Lamborghini das erste Auto. 1973 verkaufte Lamborghini die Traktorensparte an den Konkurrenten Same. Also: Wenn schon einen Lamborghini, dann einen echten aus Ferruccios Zeiten. Oder? Und zwar ausnahmsweise und extra im Kontrast zu den schnellen Sportwagen den wohl langsamsten Traktor, den 5C TL. Der Zweitonner wird von einem luftgekühlten 2,2-Liter-Dieselmotor mit 40 PS angetrieben.

Motor	Dreizylinder-Diesel	Leistung (PS)	40
Hubraum (ccm)	2200	Vmax (km/h)	k.A.

Roboractor RT105

Südkorea (seit 2014)

Der kleine Alleskönner

Mal ein Multitalent ausprobieren als Alleskönner auf dem Hof? Da bietet sich der Roboractor RT105 aus Korea an – eine Universalmaschine aus Traktor, Radlader und Bagger. Neben der normalen Front- und Heckhydraulik besitzt der Roboractor auch noch einen drehbaren Baggerarm. Die Maschine wird von der Daheo Agricultural Machinery Co. Ltd. bereits seit 2014 gebaut. Inspiration fanden die koreanischen Landtechniker bei Teleskopladern mit Heckhydraulik, wie sie z. B. Merlo einst produzierte. Um die Einsatzfähigkeit der Landmaschine weiter zu erhöhen, gibt es eine Rückfahreinrichtung. Dank der Portal-Vorderachse beträgt der Lenkeinschlag bis zu 100 Grad, was den Schlepper besonders wendig werden lässt. Für einen sicheren Stand steht ein hydraulischer Niveauausgleich zur Verfügung, der 100-Grad-Lenkeinschlag der Portal-Vorderachse sorgt für hohe Wendigkeit. Er fährt bis zu 50 km/h schnell und wird vor allem im Reisanbau eingesetzt. Wenn er nicht von jemandem pilotiert wird, der einzig aus Freude am Fahren unterwegs ist. Aber man kann ihn bestimmt auch anders verwenden.

hatte ich ○

habe ich ○

will ich ○

Motor	Vierzylinder	Leistung (PS)	105
Hubraum (ccm)	3900	Vmax (km/h)	50

Polaris Sportsman XP 1000 S

USA (2020–2023)

hatte ich

habe ich

will ich

Sportlich, sportlich!

Ja, auch ein Quad gehört zu den Helfern auf dem Land und anderswo – oder will jemand zum Zäune inspizieren und ausbessern zu Fuß durch die Ländereien stapfen? Man muss ja nicht gleich zu Hause erzählen, dass so ein Quad auch einfach nur Spaß machen kann. Es gibt eine ganze Reihe von Herstellern und Modellen – wir konzentrieren uns auf eines der besten High-End-Quads, das Polaris Sportsman XP 1000 S. Fast 140 Zentimeter Fahrzeugbreite und 68,6 Zentimeter hohe DuroPower-grip-Reifen sollen für Stabilität, Traktion und Fahrzeugkontrolle sorgen. Die sportlich abgestimmte Aufhängung mit 35,6 Zentimetern Federweg hinten und 29 Zentimetern vorne schluckt auch massive Schlaglöcher – man muss sich nur festhalten. Die Servolenkung ist mehrfach einstellbar, die Nutzlast beträgt 226 Kilo, die Anhängelast 793 Kilo. Das robuste Chassis basiert auf einem stabilen Stahlrahmen. Im modifizierten Antriebsstrang kommen um 25 Prozent leistungsfähigere Komponenten zum Einsatz, das um 15 Prozent stärkere Frontdifferenzial stammt direkt aus dem Ranger XP 1000. Bei entsprechendem Wetter bekommt der Ausdruck „Spritztour" gleich eine ganz andere Bedeutung …

Motor	Zweizylinder	Leistung (PS)	90
Hubraum (ccm)	952	Vmax (km/h)	k.A.

SZ 24

DDR (1960–1961)

Seilzug mal anders

Wie schräg: Seilzugaggregat fahren. Aber: Warum nicht? Zum Beispiel das SZ 24, eine Art Weiterentwicklung der alten Dampfpflüge. Es sollte zur Bewirtschaftung von Agrarflächen mit ungünstiger Bodenstruktur hauptsächlich in der Magdeburger Börde und im Oderbruch dienen. Gebaut wurde das SZ 24 im VEB Mähdrescherwerk Weimar ab 1960/61 in einer Stückzahl von 122 Exemplaren. Ein Arbeitssatz bestand immer aus zwei Seilzugaggregaten und einem Pflug oder einem Kombinator in Form der Seilzugegge B 492. Die Seilzuggeräte wurden am Rand der zu bearbeitende Fläche aufgestellt, wobei der Höchstabstand 560 Meter betragen konnte. Die Aggregate waren mit einem Kettenlaufwerk ausgerüstet, bei denen der maximale Bodenruck bei etwa 0,6 Kilo pro Quadratzentimeter betrug. Der Antrieb der Seiltrommel erfolgte über ein Vierganggetriebe, um die Geschwindigkeit der jeweiligen Zugkraft des Pfluges anpassen zu können. Motorisiert war das SZ 24 mit einem Sechszylinder-Diesel mit 180 PS Leitung. Pflug oder Kombinator wurden nun zwischen den beiden Zugaggregaten wechselweise hin- und hergezogen. Die Verständigung zwischen den drei Arbeitsaggregaten erfolgte mit optischer Signaleinrichtung. Wie gesagt: schräg.

hatte ich ○

habe ich ○

will ich ○

Motor	Vierzylinder	Leistung (PS)	180
Hubraum (ccm)	k.A.	Vmax (km/h)	8,15

Fortschritt ZT 300-D ZMF

DDR (1967–1984)

hatte ich

habe ich

will ich

Immer zweigleisig fahren

Warum nicht mal ab auf die Schiene? Speziell für Betriebe mit Anschlussgleisen, wie zum Beispiel größere Getreidelager, wurde in der DDR ein Traktor als Zweiwegefahrzeug entwickelt. Das Fahrzeug sollte für leichte Verschubarbeiten zur Verfügung stehen, aber weiterhin als Straßenfahrzeug nutzbar sein. Die Basis bildete hier der ZT 300 vom Kombinat Fortschritt Landmaschinen aus Schönebeck. Zur Fahrt auf den Schienen wurden die Spurführungsachsen auf die Schienen abgesenkt und gegen die Schienen gedrückt. Traktionskraft und Bremskraft resultierten aus der Reibung zwischen den angetriebenen oder gebremsten Hinterrädern. Bei Straßenfahrt wurden die Spurführungsachsen angehoben und mechanisch arretiert. Beim Schienenbetrieb konnten Eisenbahnwaggons gezogen und geschoben werden, wobei front- als auch heckseitiges Kuppeln möglich war. Für die Mitfahrt eines Rangierers besaß das ZMF zwischen Vorder- und Hinterachse eine Rangierertrittplattform mit Haltegriffen und Hemmschuhhalter an den vorderen Kotflügeln. Insgesamt wurden vom RAW Leipzig etwa 150 Spurführungssätze gefertigt. Man muss jetzt nur noch die passende Gleisstrecke finden …

Motor	Vierzylinder-Diesel	Leistung (PS)	100
Hubraum (ccm)	6560	Vmax (km/h)	15

Eicher Mammut E 500 D

Deutschland (1964–1968)

Freundschaft mit Raubtieren

So ein Raubtier zügeln hat schon was – da bietet sich die gleichnamige Serie von Eicher an. Deren erste Modelle wurden 1958 vorgestellt. Die neuen direkteinspritzenden Dieselmotoren in Verbindung mit neuen, stiftgeschalteten ZF-Triebwerken waren das Beste, was man damals käuflich erwerben konnte. Damit hatte sich Eicher einen Vorsprung auf Jahre geschaffen, zumal die Traktoren auch optisch ankamen. Mit Typenbezeichnungen wie „Leopard", „Panther" oder „Tiger" schuf man ein vielfältiges Typenspektrum im Leistungsbereich zwischen 15 und 60 PS. Als ab 1968 die neue 3000er-Reihe zur Ablösung antrat, hatten rund 66.000 „Raubtiere" die Werkstore verlassen. Mit dem ersten luftgekühlten Dieselschlepper Mammut E 500 D sorgte Eicher auf dem Traktorenmarkt 1948 für einiges Aufsehen. Die Motoren waren luftgekühlt und die einzelnen Kühlluftgebläse an jedem Zylinder wurden schnell zum Markenzeichen der hellblauen Schlepper. Mit 50 PS war der Traktor ein Kraftpaket. Der letzte Eicher Mammut wurde im Jahr 1974 eingeführt. Auch wenn die Raubtiere jetzt schon recht alt sind – Fauchen können sie immer noch ...

hatte ich ○

habe ich ○

will ich ○

Motor	Vierzylinder-Diesel	Leistung (PS)	50
Hubraum (ccm)	3927	Vmax (km/h)	28,4

Farmobil

Deutschland (1956–1966)

hatte ich

habe ich

will ich

Mit Herzchen aus Bayern

Selten ist es ja, das Farmobil, aber zumindest BMW-Fans wissen, was es damit auf sich hat. Es handelt sich um einen Geländewagen der Fahr AG in Gottmadingen am Bodensee. Das Allzweckfahrzeug (der Name ist eine Kombination aus Firmenname, dem Begriff „Farm" für die Landwirtschaft und „Mobilität") sollte Kunden in der Landwirtschaft, im Gewerbe, der Feuerwehr, der Jagdbetriebe und Kommunen ansprechen. Die Entwicklung begann 1955. Mit Zapfwellen konnten landwirtschaftliche Geräte, aber auch Aggregate von Feuerwehr oder Kommunalfahrzeugen betrieben werden. Eine hohe Zuladung von mehr als 500 Kilo sollte viele Kunden anlocken. Der erste Prototyp wurde 1956 mit einem 26-PS-Motorradmotor von Horex ausgestattet. 1958 zog der Motor und das Vierganggetriebe aus dem BMW 600 ins Farmobil, später kam die Technik vom BMW 700. Etwa 1964 war Schluss mit der genialen Idee. Nur etwa 1000 Stück wurden insgesamt produziert. Aber genau deshalb ist es ja so reizvoll, ein fahrbereites Exemplar zu finden und auszuprobieren ...

Motor	Zweizylinder-Boxer	Leistung (PS)	32
Hubraum (ccm)	697	Vmax (km/h)	76

Grunder TK 15

Schweiz (1953–1959)

Fix zünden mit Zündfix

Fahren wie dunnemals? In einem frühen Grunder TK 15 möglich. Denn bevor es auf die Piste geht, muss man den Motor mit dem Diesel-Selbstzünder „Zündfix“ anfeuern, weil es bei den ersten 50 Exemplaren keine elektrische Vorglüheinrichtung gab. Der allradgetriebene TK 15 wurde ab 1953 in der Schweiz gebaut. Grunder fertigte dazu Getriebe, Rumpf, Hinterachse und Radflansch selbst, der Rest kam von Holder in Metzingen. Der 502-Kubik-Zweitakt-Einzylinder von Sachs soll 9 PS geleistet haben. Etwa 350 Stück wurden gebaut. Bereits in den 1920er-Jahren befasste sich Grunder mit einer Studie für einen universell einsetzbaren Straßen-Feldtraktor. Das Patent wurde aber erst Mitte der dreißiger Jahre eingereicht. Daraufhin entwickelte die Firma nach mehreren Prototypen 1938 den ersten Traktor Typ E. 1939 wurde die erste Serie dieses Traktors hergestellt. 1943 bis 1946 wurden die Modelle TK 20 sowie TK 25 produziert.

Und wie geht das Befeuern mit Zündfix nun? Ganz einfach: Der Diesel-Starthelfer ist ein Wattestäbchen, das sich durch die komprimierte Luft selbst entzündet. Die Lunte muss also nicht per Hand angezündet werden.

hatte ich ○

habe ich ○

will ich ○

Motor	Zweizylinder	Leistung (PS)	9
Hubraum (ccm)	502	Vmax (km/h)	k.A.

AgXeed AgBot 2.055W4

Niederlande (seit 2023)

hatte ich ○

habe ich ○

will ich ○

Die Suche nach dem Sitz

Das ist eine echte Herausforderung – denn der niederländische AgXeed AgBot 2.055W4 ist ein vollautomatischer Roboter-Trecker für Standardgeräte mit Hubkräften von bis zu acht Tonnen hinten und drei Tonnen vorne – und hat deshalb keinen Sitz. Mit Lidar und Ultraschall stoppt der Roboter vor Hindernissen. Ein Dieselmotor erzeugt über einen Generator Strom für den Fahrwerksantrieb, die Zapfwelle und das Anbaugerät. Natürlich gibt es eine stufenlose Spurweitenverstellung mit austauschbaren Raupenfahrwerken. Drei Serienmodelle bietet AgXeed an, jeweils mit Vierzylinder-Diesel: 75 PS, 143 PS und 211 PS. Der Dieselmotor ist mittig auf dem Fahrzeug installiert. Dort treibt er einen Generator an, der den elektrischen Antriebsstrang des Raupenfahrwerks, die elektrische Zapfwelle sowie über dicke, orangefarbene Kabel auch elektrisch angetriebene Arbeitsgeräte mit Strom versorgt. Natürlich müssen Fahrtroute und Arbeitsauftrag vorab geplant werden – auch dann, wenn jemand obendrauf sitzt. Wahlweise kann man auch zum Beispiel einen Farmdroid FD20 entern ...

Motor	Vierzylinder-Diesel, E-Motor	Leistung (PS)	75–211
Hubraum (ccm)	2900	Vmax (km/h)	13,5

Kalmar DCG720-10LB

Finnland (2014–2020)

Der Allesheber

Gabelstapler fahren ist der Traum vieler. Und es gibt genug Möglichkeiten, diese schnellen, meist kleinen Arbeitshelfer auch in der Landwirtschaft zu nutzen. Aber, Hand auf den Joy-Stick: Sind die kleinen nicht eher langweilig im Vergleich zu den großen Staplern? Wir schlagen deshalb eine Arbeitsstunde mit dem Kalmar DCG720-10LB vor, dem größten Gabelstapler der Welt. Er ist mit 4,67 Metern breiter als zwei Geländewagen, hat mit 5,75 Metern den Radstand einer extremen Stretch-limousine und mit 90 Tonnen das Gewicht eines halben Hauses. Die Investition für solch ein Neugerät liegt im hohen sechsstelligen Bereich. Dafür bekommt man aber auch 72 Tonnen Tragkraft und vier Meter Hubhöhe. Und 34 Prozent Steigung schafft der Kalmar auch noch. Nur schnell ist er nicht: Mit 27 km/h bleibt er noch unter dem erlaubten Tempo in einer verkehrsberuhigten Straße. Und was kann man heben? Vielleicht eine Herde Milchkühe? Oder 26 Zweitonnen-Traktoren? Oder – ach, machen Sie's doch einfach ...

hatte ich ◯

habe ich ◯

will ich ◯

Motor	Sechszylinder-Diesel	Leistung (PS)	388
Hubraum (ccm)	10.841	Vmax (km/h)	27

Ferrari Vega K90 AI-Tractor

Deutschland (seit 2022)

hatte ich

habe ich

will ich

Aufsteigender Ackergaul

Ohne viel vorwegzunehmen: Fast alle Autohersteller sportlicher Wagen haben auch mal Traktoren gebaut. Da wären zum Beispiel Lamborghini, Porsche, Mercedes-Benz. Selbst David Brown als Aston Martin-Eigner baute Landmaschinen. Und man mag es kaum glauben: auch Ferrari. Die aufsteigenden Ackergäule heißen allerdings Miza, Vega, Stellar, Draco, Sky Jump, was nicht wirklich ins Portfolio der Roten aus Maranello passt. Kein Wunder: Ferrari ist in diesem Falle nicht Ferrari, sondern eine Marke der BCS-Gruppe. Die stellt kleine Traktoren mit oft bedeutenden Motorhauben für die Anwendungsbereiche Weinberg, Obstgarten, Gewächshaus und Heuernte her sowie Motormäher und Einachser her. Nehmen wir zum Beispiel den Vega K90 AI-Traktor, ein isodiametrischer, reversibler Traktor mit serienmäßigem elektrohydraulischen Wendehebel und Integriertem schwingendem OS-Frame, der den Stand des Traktors auch auf unebenem Gelände stabilisiert und einen geringen Wenderadius ermöglicht. Einen Ferrari wollten Sie doch bestimmt schon immer mal fahren …

Motor	Vierzylinder-Diesel	Leistung (PS)	75
Hubraum (ccm)	3769	Vmax (km/h)	k.A.

Digitaler Traktor

Schweiz (seit 2008)

Spielespaß als Pixelwirt

Wer echte Traktoren fährt, muss natürlich auch mal die digitale Art ausprobieren – zum Beispiel im Landwirtschafts-Simulator des Schweizer Entwicklers Giants Software. Im Karrieremodus des Spiels kann sich der Spieler frei entfalten. Aufgaben sind zum Beispiel die Bearbeitung einer vorgegebenen Fläche mit einem landwirtschaftlichen Gerät. Dabei kann der Pixelwirt wählen, ob er eigene Fahrzeuge nutzen will oder Geräte ausleiht, wobei er dann weniger Geld verdient. Ziel des Karrieremodus ist es, durch die Bewirtschaftung von Feldern zu einem modernen und erfolgreichen Landwirt aufzusteigen. Anfangs beginnt der Spieler auf einem Bauernhof mit wenigen kleinen Maschinen, die im Spielverlauf mit dem erwirtschafteten Gewinn gegen größere Maschinen ausgetauscht werden können. Ein Wirtschaftssystem beeinflusst dabei die erzielten Preise für die Ernte. Eine Wettersimulation, Jahreszeiten und ein Tag-Nacht-Zyklus erfordern zudem ein wenig Planung, wann welche Tätigkeiten ausgeführt werden können. Die Maschinen müssen mit Kraftstoff betankt und die Geräte mit Inhalt wie z. B. Saatgut befüllt werden. Viel Spaß!

hatte ich ○

habe ich ○

will ich ○

Plattform	Android, iOS, Nintendo Switch	Tiere	Hühner, Kühe, Schafe, Schweine, Pferde, Hunde
Standardkarten	Amberstone, Neubrunn		

Bergmann

Deutschland (1906)

hatte ich ○

habe ich ○

will ich ○

Mehr Oldie geht nicht

Als echter Traktorfan muss man auch die Klassiker kennen – und am besten fahren. Zum Beispiel den Bergmann. Der ist mutmaßlich der älteste Traktor Deutschlands. Die Bergmann Automobilfabrik stellte schon Ende des neunzehnten Jahrhunderts Fahrzeuge her – Autos, Lieferwagen und Omnibusse. 1905 wurde sie nach einem Besitzerwechsel in „Süddeutsche Automobilfabrik" umbenannt. 1910 wurden daraus die „Benz-Werke Gaggenau GmbH". In dieser bewegten Zeit experimentierte man auch mit Traktoren. Dazu wurden auch vorhandene Teile anderer Firmen genutzt, so wie auch bei dem Exemplar, dass heute im Unimog-Museum steht. Das Typenschild zeigt noch „Bergmann Gaggenau" und 19 Steuer-PS. Da die Steuerregelung 1906 eingeführt wurde, wird das Baujahr 1906 angenommen. Viele andere Bauteile sind anscheinend aus dem Programm der Süddeutschen Automobilfabrik. Ausnahme ist der Kühler (mit entsprechendem Logo) und die Motorhaube. Diese stammen von der belgischen Firma FN (Fabrique Nationale d'Armee de Guerre), die damals auch Autos und Lastwagen produzierte. Der Bergmann-Traktor ist ein Scheunenfund von 1988.Also bitte. Schön vorsichtig damit umgehen …

Motor	Vierzylinder	Leistung (PS)	30
Hubraum (ccm)	6840	Vmax (km/h)	k.A.

LHB LHS 25

Deutschland (1950–1952)

Frankenstein lässt grüßen

Heutzutage ist ein Autohersteller wie Caterham stolz, viele Komponenten nicht selbst herzustellen, sondern fertig entwickelte Systeme von den großen Herstellern übernehmen zu können. Das spart Zeit und Geld. So etwas gab es auch bei Traktorbauern – zum Beispiel bei Linke-Hofmann-Busch AG (LHB). So entstand 1950 in Zusammenarbeit mit der Münchener Baumaschinenfirma Kurt Kögel der Dieselschlepper LHS 25 – nur die Blechteile waren selbstgezogen. Das Ergebnis: ein zuverlässiger und solider Traktor. Besonders bemerkenswert war die Wahl des als sehr betriebssicher und sparsam geltenden Henschel-Luftspeicher-Diesels 515 DE, der mit einem ebenfalls bewährten ZF-Fünfganggetriebe verblockt war. Zudem war der in Salzgitter gefertigte LHS 25 auch noch optisch gelungen (im Gegensatz zu Frankenstein). Das Fahrzeug wurde auf der Frankfurter DLG-Ausstellung von 1950 vorgestellt – auf Interesse, mehr aber auch nicht. Da auch Mitte 1952 eine kostendeckende, geschweige denn gewinnbringende Produktion nicht zu erwarten war, verschwand der LHS 25 sehr schnell in der Versenkung. Aber schön war er trotzdem ...

hatte ich ○

habe ich ○

will ich ○

Motor	Zweizylinder-Diesel	Leistung (PS)	22
Hubraum (ccm)	1590	Vmax (km/h)	19,5

Goldhofer Phoenix E

Deutschland (seit 2022)

hatte ich

habe ich

will ich

Hilfreicher Schwerstarbeiter

Eigentlich müsste man mal mit einem Goldhofer Phoenix E vorm Lieblingsclub parken. Der stangenlose Elektroschlepper ist beeindruckend: Dank 322 PS schleppt er einen Airbus A321 Neo locker ab – und somit auch jeden aufmüpfigen Stier, unwilligen Klepper oder die Schwiegereltern, die mal wieder zu viel Sitzfleisch in der guten Stube beweisen. Denn der batterieelektrische Flugzeugschlepper des Herstellers aus Memmingen kann zum Beispiel Flugzeuge mit bis zu 352 Tonnen maximalem Startgewicht bewegen. Der Elektroschlepper rangiert sein Heck um das Bugrad des Jets, packt es mit einem hydraulischen Greifer, hebt es an und kann dann das Flugzeug mit bis zu 32 km/h über das Vorfeld bewegen. Die Lithium-Ionen-Akkupacks sind auf der linken Fahrzeugseite und an der Front verbaut, rechts hat Goldhofer unter anderem die Hydraulikanlage untergebracht. Der Antriebsmotor stammt von Aradex aus dem Schwarzwald, er bringt seine Leistung über die angetriebene Lenkachse auf den Asphalt. Der Verbrauch liegt dann schon einmal bei gut 300 kWh. Aber nur, wenn man die ganzen Unwilligen auf dem heimischen Hof gleichzeitig abschleppen will …

Motor	E-Motor	Leistung (PS)	322
Hubraum (ccm)	–	Vmax (km/h)	32

Volk EFW 3 Protect *Deutschland (seit 2014)*

Sicher ist sicher

Wenn Sie mal wieder nicht wissen, wohin mit der ganzen Kohle und die liebe Bäuerin sie auch nicht gleich wieder ausgeben soll, empfehlen wir als mobile Aufbewahrung den vollelektrischen Werttransporter Volk EFW 3 Protect. Der ist gepanzert nach Beschußklasse B4, hat eine Nutzlast von bis zu drei Tonnen auf der Ladefläche und ist für eine Anhängelast von bis zu 30 Tonnen konzipiert – falls man mal zusätzlich auch noch zu viel Kleingeld hat. Der Elektroantrieb wird von einer Batterie mit einer Kapazität von 80 V/1.000 Ah versorgt. Bei einem eventuellen Überfall raten wir dazu, Kreise um die Gangster zu fahren und sie so schwindelig zu machen. Denn fliehen wird nix: Mit 25 km/h ist die Chance, zu entkommen, relativ gering. Beruhigend allerdings: Diese 5,5 Tonnen schwere rollende Burg einzunehmen ist auch nicht ganz einfach. Nicht mal von der Hausdame.

hatte ich ○

habe ich ○

will ich ○

Motor	E-Motor	Leistung (PS)	47
Hubraum (ccm)	–	Vmax (km/h)	25

hatte ich

habe ich

will ich

Der hat Hand und Fuß

Ja, es gibt auch noch andere Tausendsassas außer dem Unimog. Und da es nicht dumm macht, sich weiterzubilden, sollte man auch mal einen Fuß Trac fahren. Das ist eine 5,6 Tonnen schwere Maschine für den Ganzjahreseinsatz. Die Komfortkabine des Fuß Trac ist mit einer beheizbaren Panorama-Frontscheibe, getöntem wärmedämmenden Sicherheitsglas, Ein- und Durchstieg von beiden Seiten, höhen- und neigungsverstellbarer Lenksäule, hydraulisch gefedertem Fahrersitz und Sitzheizung für Fahrer und Beifahrer ausgestattet. Ein luftgefederter Fahrersitz ist optional möglich. Arbeitstechnisch bietet der allradgetriebene Fuß Trac drei An- und Aufbauräume aus und ist durch Allradlenkung leicht zu Manövrieren, auch wenn der Platz knapp wird. 156 PS und 610 Newtonmeter maximales Drehmoment lassen so Einiges zu. Man kann ihn zum Beispiel fahren als GPS-basierten Selbstfahrer-Gülletrac mit Fünf-Kubikmeter-Tank und Schmalbauweise und hydraulischer Regelung der Injektionsmenge. Der wurde extra konzipiert für den Einsatz im Hopfen- und Weinbau. Na dann Prost – aber erst nach der Tour …

Motor	Vierzylinder-Diesel	Leistung (PS)	156
Hubraum (ccm)	4038	Vmax (km/h)	50

Deutz D 16006

Deutschland (1972–1975)

Aus hinten wurde vorn

Wow, was für ein Kraftpaket – nicht nur optisch. Man sieht dem kantigen Knicklenker geradezu seine Power an: Der D 16006 war das ehemalige Spitzenmodell von Deutz. Das kam nicht von ungefähr: Die Klöckner-Humboldt-Deutz AG stellte die Produktion von Baumaschinen Ende der 1960er-Jahre ein, um keine Konkurrenz zu bieten zu all den Abnehmern der Deutz-Motoren. Sehr geschäftstüchtig kam jemand aus der Firma auf die Idee, einen Radlader aus der Baumaschinenproduktion zu einem Großtraktor mit Knicklenkung umzufunktionieren. Man musste nur den Fahrersitz und die Bedienungselemente um 180 Grad drehen, schon befand sich der Motor vorn. Dieses Modell war vor allem für den harten Pflugeinsatz in Großbetrieben gedacht – mit 160 PS auf der Vorderasche kein Problem. Die Leistung wurde über ein Lastschaltwendegetriebe mit vier Vorwärts- und Rückwärtsgängen und einen hydrodynamischen Drehmomentwandler an ein nachgeschaltetes Zweigang-Stufen-Getriebe und letztlich an alle vier Räder übertragen. So konnte der Traktor aus dem Stand stufenlos bis zu 25 km/h beschleunigen. Wie sich der Deutz bei dem Tempo wohl fährt?

hatte ich ◯

habe ich ◯

will ich ◯

Motor	V8-Diesel	Leistung (PS)	160
Hubraum (ccm)	11.290	Vmax (km/h)	25

Güldner Hydrocar TK/T2KA

Deutschland (1956–1960)

hatte ich

habe ich

will ich

Ritt auf der 6-PS-Kanonenkugel

Wer ein Lenkrad braucht, um zu steuern, sollte einen großen Bogen um das frühe Güldner Hydrocar mit dem Beinamen TK oder TKA machen. Alle anderen werden ein ganz neues Fahrgefühl erleben können. Der 800 Kilo leichte Lieferwagen oder Lastkarren kam 1956 auf den Markt. Schon mal ungewohnt: Man saß rittlings auf dem Motor. Die beiden langen Hebel daneben dienten zum Fahren und Steuern. Mit einem wurde gelenkt, mit dem anderen vorwärts oder rückwärts gefahren. In Nullstellung wurde abgebremst, beim Schieben des Hebels entgegen der Fahrtrichtung kam es zur Vollbremsung. Damit war eine Fußbremse überflüssig, einzig eine Feststellbremse war vorhanden. Der Antriebsmotor war standardmäßig ein Güldner-LK-Einzylinder-Diesel mit sechs PS Leistung. Der größte Vorteil des „Autos": der hydrostatische Antrieb. Das Getriebe sparte 1300 Schaltungen während eines Arbeitstages, weil Kuppeln, Gang einlegen, Gas geben, Schalten, und Bremsen nicht nötig waren. 1958 wurde das Hydrocar modernisiert – unter anderem mit echtem Fahrerstand, Lenkrad, Fußpedale und 13-PS-Zweizylinder. So ein Fahrzeug dürfte die Show auf jedem Treffen sein ...

Motor	Ein- und Zweizylinder-Diesel	Leistung (PS)	6–13
Hubraum (ccm)	442–885	Vmax (km/h)	16–19

Hanomag R 455 ATK Nato-Schlepper (1957–1960)

Nur manchmal in Oliv

Mal ein Nato-Fahrzeug bewegen? Logo! Da bietet sich der er Hanomag R 455 ATK an, 1957 als Nachfolger des R 55 ATK mit kleinen Modifikationen auf den Markt gekommen. Der Namenszusatz ATK kennzeichnete bei Hanomag stets die als Schwerlastzugmaschinen optimierten Modelle, wobei „A" für Luftbereifung stand und „TK" für die Turbokupplung. Diese „Voith-Strömungs- und Turbokupplung" ermöglichte in jedem Gang ruckfreies Anfahren auch mit schweren Lasten. Aufgrund ihrer Stärke dank eines 55 PS und 319 Newtonmeter starken 5,7-Liter-Vierzylinder-Diesels und ihrer Robustheit fanden diese großen Zugmaschinen mit ihren Fünfgang-Handschaltern ihre Abnehmer nicht nur in der Industrie, bei Transportunternehmen oder im Zirkus, sondern auch auf Flughäfen und bei der Bundeswehr. Und eben auch bei der Nato, die durchaus Bedarf an solchen Schwerlastschleppern hatte. Man konnte den fast 4,5 Tonnen schweren „Nato-Schlepper" mit Soft- und Hardtop bekommen. Genau 666 Stück sollen gebaut worden sein. Wir finden: Weil er nicht nur ein Militärgerät und selbst als solches auch noch durchaus ansehnlich war, können auch Pazifisten diesen Schlepper guten Gewissens lenken.

hatte ich ○

habe ich ○

will ich ○

Motor	Vierzylinder	Leistung (PS)	109
Hubraum (ccm)	2500	Vmax (km/h)	50

Hanomag RL20

Deutschland (1937–1942

hatte ich ◯

habe ich ◯

will ich ◯

Mehr als nur Kinderkram

Der Hanomag RL20 wirkt so schnuckelig, dass man einfach einsteigen muss. Das liegt zweifellos daran, dass Hanomag nicht nur Traktoren baute. Mit dem auch „Bauernschlepper“ genannten, gut 1,6 Tonnen schweren RL 20 wurde das Traktorenprogramm 1937 bei Hanomag nach unten abgerundet – mit Teilen, die bereits in der Pkw-Produktion verwendet wurden. Der Vierzylinder-Reihenmotor wurde mit anderer Kraft sowohl im Hanomag Rekord Diesel als auch im Straßenschlepper SS20/ST20 eingesetzt. Auch etliche andere Teile entstammten der Pkw-Produktion, zum Beispiel die Vorderachse aus dem Hanomag Sturm. In der Normalausführung hatte der RL20 vier gleich große Räder der Größe 6.50-20, auf Wunsch hinten auch größer in 8.00-20. Gebremst wurde mit hydraulischer Betätigung an allen vier Rädern. Die optionale Sonderausstattung war für die damalige Zeit recht umfangreich. Erhältlich waren elektrische Scheinwerfer, Wetterdach mit Windschutzscheibe und einem Scheibenwischer, Sitzbank für zwei Personen (wegen dem links angebrachten Lenkrad auch sinnvoll nutzbar), Zapfwelle und Riemenscheibe. 4320 Stück wurden gebaut.

Motor	Vierzylinder-Diesel	Leistung (PS)	19,8
Hubraum (ccm)	1911	Vmax (km/h)	24

Minneapolis-Moline UDLX

USA (1938–1941)

Erfolgloser Zwitter

Was für ein Auto – ääääh, Traktor. Der UDLX von 1938 war der erste Traktor mit geschlossener Kabine. Der Hersteller hatte im Sinn, dass der Comfortractor tagsüber auf dem Feld ackerte und abends seine Besitzer zum Dinner brachte. Dass er drei Tonnen wog, sollte nicht stören. 1938 stellte Minneapolis-Moline das Ergebnis dieser Idee vor rund 12.000 versammelten Landwirten vor. Der UDLX besaß keine Vorder- oder Hinterradaufhängung, sodass nur die Reifen und Sitze für Federung sorgten. Das Getriebe war nicht synchronisiert und erzeugte reichlich Lärm und Vibrationen. Die 16-Zoll-Bremstrommeln waren mit dem 2900 Kilo Gewicht restlos überfordert. Aber: Alle drei Windschutzscheiben besaßen Scheibenwischer. Es gab Heizung, eine Sonnenblende, einen Rückspiegel mit eingebauter Uhr, eine vollständige Instrumentierung und Sitzplätze für zwei bis drei, eine Hintertür, eine Bremsleuchte, eine verchromte Frontstoßstange und sogar eine Kühlerfigur. Der Erfolg blieb unter anderem wegen des Preises von rund 2000 Dollar aus. 150 Stück des Zwitters sollen gebaut worden sein, verkauft wurden rund 100. Der Rest wurde in U-Traktoren zurückgebaut – der UDLX war ein Flop. Kein Grund, ihn nicht zu fahren …

hatte ich ◯

habe ich ◯

will ich ◯

Motor	Vierzylinder	Leistung (PS)	46
Hubraum (ccm)	4637	Vmax (km/h)	60

Lugli Lilliput

Italien (ca. 1950)

hatte ich ○

habe ich ○

will ich ○

Gullivers Eisen

Es kommt nicht oft vor, dass man einen Traktor „niedlich“ findet. Diesen aber schon, deshalb sollte man mit ihm unbedingt einen Sonntagsausflug machen. Der Lugli Lilliput ist ein Mini-Schlepper aus Italien, vermutlich der kleinste, der je mit ernsthaften Absichten in Serie gebaut wurde. Allerdings nicht für die Feldarbeit mit kaum Bodenfreiheit, fehlendem Differenzial und den schmalen Hinterrädern. Der Lilliput ist eher ein Industrieschlepper, gebaut von „Officine Meccaniche Fratelli Lugli fu Ettore“. Interessant auch der Motor: Er stammt von der Enfield Industrial Engines, einem Ableger der berühmten Motorradfabrik Royal Enfield. Drumherum entwickelten die Lugli-Brüder Kupplung, Getriebe, Achsen und Lenkung selbst. 6,8 PS reichten allemal, um das 520 Kilo leichte Gerät fortzubewegen, auch mit einem Hänger kommt der Lilliput noch ganz gut vom Fleck.15 km/h Spitze sind möglich, rückwärts sind es noch 5 km/h. Witzig: Der Wendekreis beträgt sensationelle 1,6 Meter. Wem das alles dann doch zu kleinteilig ist: Es gab auch einen Super Lilliput. Mit 10 PS.

Motor	Einzylinder-Diesel	Leistung (PS)	6,8
Hubraum (ccm)	567	Vmax (km/h)	15

Hürlimann 1K8

Schweiz (1929–1930)

Klassiker unter den Eidgenossen

Die Schweiz hat diverse gute Traktoren hervorgebracht – schon allein deshalb sollte man auch mal einen der Eidgenossen ausprobieren. Zu den großen Schweizer Traktorbauern gehört natürlich Hürlimann. Der 1K8 war der erste Serien-Traktor der Firma – mit tiefem Schwerpunkt für die heimischen Hanglagen, geringem Verbrauch und erschwinglichem Preis. Der Einzylinder-Bernhard-Benzinmotor leistete 8 PS. Das Maag-Getriebe hatte drei Vorwärts- und einen Rückwärtsgang, die Hinterräder waren als Eisenräder mit Gummistollen zur Traktionsförderung gebildet. Da überwiegend Grünland-Anbauflächen mit den Traktoren bearbeitet werden sollten, gehörte ein erstmals direkt vom Getriebe angetriebenes Mähwerk zur Serienausstattung. Allerdings setzte sich der Wabenkühler beim stationären Dreschen gern zu, als Folge kochte der Kühler. Dass man mit dem Hürlimann die in der Schweiz gefürchteten Tempolimits überschreitet, ist eine überflüssige Sorge: Mehr als 7 km/h sind nicht drin. Schon das ist ein Grund, ihn zu testen. Sogar vor Ort …

hatte ich ◯

habe ich ◯

will ich ◯

Motor	Einzylinder	Leistung (PS)	8
76324.140		Vmax (km/h)	7

Bührer BG4

Schweiz (1937–1942)

hatte ich

habe ich

will ich

Vater des Erfolgs

Ein Bührer darf in der Sammlung der Traktorenfahrerei einfach nicht fehlen. Denn Bührer-Traktoren entwickelten sich zu den erfolgreichsten Landmaschinenherstellern seiner Zeit. Bührers erster großer Erfolg wurde der BG4. Durch das neue Design und die hervorragenden Fahreigenschaften nahm der BG4 ab 1937 eine führende Position gegenüber allen anderen vergleichbaren Marken ein. Und Bührer bewahrte sich lange den Vorsprung, vor allem durch den Getriebebau. Vom einfachen Schaltgetriebe über das bewährte Triplexgetriebe (ein mechanisches, lastschaltbares Halbganggetriebe aus dem Jahr 1953) entwickelte der Schweizer Fritz Bührer im Jahr 1965 das Tractospeed-Leichtschaltgetriebe, ein vollsynchronisiertes Getriebe mit ebenso synchronisierter Wendeschaltung. Bührers Trick: Die Verantwortlichen hatten vorher schlicht die Bauern gefragt, was sie brauchen und bevorzugen. Auch bei der Einführung der folgenden Neuerungen hatte die Firma Bührer die Nase vorn: Luftbereifung, elektrischer Anlasser, Ritzelantrieb, Differentialsperre, Ganzradlenkung, Einzelradbremse, Mehrgang-Mähapparat und Zehngang-Lastschaltgetriebe. Da kann man sich schon mal verneigen.

Motor	Vierzylinder	Leistung (PS)	50
Hubraum (ccm)	3285	Vmax (km/h)	k.A.

Bührer 6135

Schweiz (1975–1978)

Seltener Klassiker

Der intelligente Fritz Bührer war Erfinder, kein Kaufmann. Im Sommer 1973 musste er seine Firma verkaufen. Zu dem Zeitpunkt wurden gleichzeitig sehr viele verschiedene Typen in sehr hoher Variantenvielfalt mit einer großen Auswahl an Motoren gebaut. Dadurch wurde die Produktion sehr komplex und die Stückzahlen eher gering. Die neuen Besitzer waren überzeugt, die jährliche Produktion von bisher nur noch 400 auf wieder 800 Traktoren zu erhöhen. Bereits im Januar 1978 mussten sie sich allerdings eingestehen, dass die Nachfrage nach inländischen Traktoren rückläufig war. Zuerst wurde nach einem ausländischen Partner gesucht, vergebens. Am 2. August 1978 musste Bührer schließen. Das letzte Top-Modell war der 6135. Sein Mercedes-Motor leistete 135 PS, man konnte ihn mit Hinterrad- und mit Allradantrieb haben. Nicht viele Kunden griffen zu, obwohl er einer der letzten klassischen Bührer war: Nur einer mit Hinterradantrieb wurde verkauft und acht Allradler – ein vor allem seltener Klassiker.

hatte ich ○

habe ich ○

will ich ○

Motor	Sechszylinder-Diesel	Leistung (PS)	135
Hubraum (ccm)	5675	Vmax (km/h)	34

International Harvester 3588 „Snoopy“ *USA (1979–1981)*

hatte ich

habe ich

will ich

Ein Traktor zum Liebhaben

Der Hund Snoopy ist weltberühmt. Charles M. Schulz hatte dem Vierbeiner 1947 Leben eingehaucht, und er entwickelte sich zum Publikumsliebling. Mit einer gewissen Optik kann man versuchen, das auch auf einen Traktor zu übertragen. Wie auf den International Harvester 3588, der den Beinamen „Snoopy“ bekam. Und er ist fast so eigenwillig wie die einmalige Zeichentrickfellnase. Vier gleich große Räder, ein mittig angeordnetes Knickgelenk und ein sehr weit vorne, noch vor der Vorderachse verbauter Antriebsmotor gaben ihm dieses unvergleichliche Aussehen, dass man vor der Fahrt eigentlich erstmal streicheln möchte. Sein Sechszylinder-Motor mit 7,6 Liter Hubraum leistet 177 PS. Das 8/4-Grundgetriebe des 3588 ist nicht synchronisiert, hat aber eine Lastschaltstufe, woraus sich 16 Vor- und 8 Rückwärtsgänge ergeben. „Snoopy“ wiegt fast 7,5 Tonnen, kommt aber mit einem Wendekreis von nur fünf Metern aus. Als weitere Highlights besitzt er eine Loadsensing-Hydraulik mit 68 Litern Öl pro Minute und eine serienmäßig verbaute Klimaanlage. Wer übrigens keine Ähnlichkeit mit dem Hund Snoopy erkennt, darf den IH3588 auch ungestraft „Ameisenbär“ nennen.

Motor	Sechszylinder-Turbodiesel	Leistung (PS)	152
Hubraum (ccm)	7600	Vmax (km/h)	33

IFA RS 08/15 Maulwurf

DDR (1952–1956)

Unterirdisch gut

1952 wurde mit dem Modell „RS 08/15 Maulwurf“ im Traktorenwerk Schönebeck der erste DDR-Geräteträger aufgelegt und durfte seinem künftigen Erfolg entgegenkrabbeln. Mit einem 15-PS-Vergaseraggregat war er untermotorisiert, was aber nicht nur auf ihn, sondern auch auf die meisten westlichen Fahrzeuge zutraf. Der RS 08/15 entwickelte sich mit mehr als 5700 verkauften Exemplaren zum Erfolg. Trotz seines kaum geeigneten Zweizylinder-Zweitakt-Vergasermotors mit Thermosyphonkühlung und relativ hoher Drehzahl. Dieser Motor war eine modifizierte Ausführung einer seit Mitte der 1930er Jahre in den frontgetriebenen DKW-Pkw verwendeten Antriebseinheit. Für die Verwendung im Geräteträger wurde die Drehzahl des Motors auf 3000 Touren herabgesetzt, womit sich die Leistung von 20 auf 15 PS reduzierte. Da nun ein Kühler erforderlich wurde, musste der Motor in Fahrtrichtung vorn am Getriebe angeordnet werden. Ob es Zufall ist, dass der Geräteträger die Ziffernbezeichnung des Maschinengewehrs 08/15 trug, ist nicht bekannt. Sicher dagegen ist: Dem 08/15 folgten weitere, verbesserte Konstruktionen, denen der Beiname „Maulwurf“ noch lange Zeit erhalten blieb.

hatte ich ○

habe ich ○

will ich ○

Motor	Zweizylinder	Leistung (PS)	15
Hubraum (ccm)	700	Vmax (km/h)	k.A.

David Brown Cropmaster 25C

Großbritannien (1947–1953)

hatte ich

habe ich

will ich

Mehr hilfreich als edel

Zugegeben: Einen Aston Martin-Traktor hat es nie gegeben – also sollte man einen fahren. Getriebehersteller David Brown hatte 1935, zunächst gemeinsam mit dem Iren Harry Ferguson, mit dem Bau von Traktoren angefangen. 1947 kaufte er Aston Martin und drückte den edlen britischen Sportwagen bis heute seine Initialen „DB“ auf. Trotzdem sollte man wissen, wie Browns Traktoren ticken. Besonders berühmt sind seine an die Royal Air Force gelieferten Flugzeugschlepper. Zum Ende des Jahres 1946 stellte Brown den Typ Cropmaster vor. Das Allzweckfahrzeug besaß einen 32 PS starken wassergekühlten 2,5-Liter-Vierzylinder-Benzin- bzw. -Petroleummotor, das mit einem zweistufigen Sechsganggetriebe mit zwei Rückwärtsgängen für Geschwindigkeiten zwischen 2,9 und 26,5 km/h ausgestattet war. Seit November 1949 war der Traktor alternativ auch mit einem 34-PS-Dieselmotor erhältlich. Sein Erscheinungsbild zeichnete sich durch das charakteristische Spritz- und Windschutzblech für den Fahrerraum aus. Mit rund 60.000 gebauten Einheiten trug er seinen Teil zur Mechanisierung der englischen Landwirtschaft bei. So viel Historie sollte man sich nicht entgehen lassen.

Motor	Vierzylinder, Vierzyl.-Diesel	Leistung (PS)	32, 34
Hubraum (ccm)	2523	Vmax (km/h)	26,5

Zettelmeyer Z 2

Deutschland (1936–1939)

Ein Sportler für sich

Ein Fahrzeug, das aussieht wie ein Golf-Cart aus den Anfängen der Wirtschaftswunderzeit, muss unbedingt bewegt werden, oder? Der Straßen- und Verkehrsschlepper Z 2 von 1936 wurde von der Firma Zettelmeyer gebaut, die 1908 in Konz bei Trier mit dem Bau von Dampfwalzen für den Straßenbau begann. 1934 wurden zusätzlich Acker- und Straßenschlepper ins Portfolio aufgenommen. Der Z 2 besaß Motor und Vierganggetriebe des Ackerschleppers Z 1, erreichte aber mit 20 km/h eine höhere Endgeschwindigkeit dank einer anderen Getriebeübersetzung. Serienmäßig war eine elektrische Beleuchtungsanlage im Lieferumfang sowie eine Sitzbank mit drei Plätzen. Der Golfcart-Look wird stark bedingt durch die Trittbretter, die die Kotflügel miteinander verbinden. Die Erbauer hatten sich allerdings an Lösungen schwierigerer Aufgaben orientiert als jene, zwei lauffaule Schlägertypen mitsamt Equipment von einem Loch zum anderen zu transportieren. Der Z 2 meisterte alles. Und sei es seine Arbeit als Flugzeugschlepper bei der Lufthansa.

hatte ich ○

habe ich ○

will ich ○

Motor	Zweizylinder-Diesel	Leistung (PS)	20
Hubraum (ccm)	2028	Vmax (km/h)	20

Ursus-Bulldog C 45

Polen (1952–1957)

hatte ich

habe ich

will ich

Gekonnte Kopie

Wer D sagt, sollte auch P sagen. Oder anders ausgedrückt: Wer einen deutschen Bulldog fährt, sollte auch mal einen aus Polen kennenlernen. 1902 begann das Warschauer Unternehmen Ursus, Verbrennungsmotoren zu bauen – bis zu 600 PS stark. Nach dem Krieg waren allerdings Traktoren gefragt, um das geschundene Land wieder aufbauen zu können. In aller Eile errichtete Ursus 1946 eine Fertigungsstraße für die Bulldog-Montage. Die ersten 45 PS starken Fahrzeuge wurden 1947 fertiggestellt – einer nach dem anderen, so dass schließlich rund 30.000 Stück entstanden. Der Bau war nicht problematisch, war der C 45 doch eine exakte Kopie des originalen Lanz-Bulldog, bis auf ein paar Details wie eckige Kotflügel und Windschutzscheibe. Es war genau die richtige Maschine, die die im Aufbau befindliche, nach sowjetischem Vorbild kollektivierte Landwirtschaft dringend benötigte und somit den Ursus-Bulldog noch auf Jahrzehnte unverzichtbar machte. Und – gibt's beim Fahren Unterschiede?

Motor	Einzylinder-Diesel	Leistung (PS)	45
Hubraum (ccm)	10.338	Vmax (km/h)	16,7

Ursus C 10/C 12 Bambi

Deutschland (1952–1957)

Trecker im Kindchenschema

Gar nicht dumm, seinem an sich nicht gerade kuschelwürdigen Traktor den Beinamen „Bambi" zu geben. Und wenn der Schlepper dann noch aussieht wie ein Bobby-Car mit riesigen Rädern, kann ja nicht viel schiefgehen, oder? Auf alle Fälle fiel der Kleinschlepper namens Ursus C 10 Bambi aus Wiesbaden auf. Als vollwertiger, aber zunächst mit zehn PS untermotorisierter Zweiwegeschlepper mit vier gleich großen Rädern in der Größe 6-24, konnte der Bambi mit einem in beiden Fahrtrichtungen arbeitenden Pflug, aber auch mit vielen anderen Geräten ausgerüstet werden. Dazu stand ein Wendegetriebe zur Verfügung. Der tiefe Schwerpunkt machte den Blechhirsch ziemlich kippsicher, auch am Hang. Ab 1953 gab es Bambi zudem als C 12 mit 12-PS-ILO-Herz. 5450 Mark kostete der Kleine in der Grundausführung. Wenn man in einen der etwa 350 Stück gebauten Bambis heute 100 PS reinpflanzen würde, wäre das Wiesbadener Hirschkalb bestimmt der Platzhirsch ...

hatte ich ○

habe ich ○

will ich ○

Motor	10.338	Leistung (PS)	10, 12
Hubraum (ccm)	499	Vmax (km/h)	15

hatte ich

habe ich

will ich

Vorreiter mit Nachläufer

Wer Kuriositäten liebt, wird den Unitrak vergöttern. Der Schlepper sieh aus wie in der Mitte durchgesägter Volltrecker mit beräderter Heckkrücke. Das Gefährt geht zurück auf den in Hamburg lebenden Konstrukteur Walter Hofmann. Sein Einachsschlepper „Unitrak" (Universal-Traktor) konnte mit seinem 12-PS-Motor (luftgekühlte Stihl-Zweitakter mit Vierganggetriebe, später wurden 15 PS spendiert) pflügen, fräsen, grubbern oder mähen und 13 km/h schnell fahren. Eine Riemenscheibe sowie je eine Getriebezapfwelle vorn und hinten gehörten zur Serienausrüstung. Aus dem Einachser wurde allerdings durch ein luftbereiftes hinteres Stützrad eigentlich ein Dreiradschlepper – er wurde dadurch problemlos lenkbar. Zwischen dem Nachläufer und den angetriebenen großen Vorderrädern befand sich Platz für Geräte, die direkt am Schlepperrahmen mit Schnellverschlüssen angeschlossen werden konnten. Eine Getriebezapfwelle befand sich vorn und hinten am Schlepper. Die Zahl der gebauten Exemplare ist nicht bekannt – im Gegensatz zum Produktionsschluss, der 1954 erfolgte.

Motor	Einzylinder-Diesel	Leistung (PS)	12, 15
763–		Vmax (km/h)	15

Stock K 22

Deutschland (1944)

Gut Holz

Es gab eine Zeit, da mussten Traktorhersteller Holzvergaser anbieten. Da gebietet es doch der Respekt vor der Historie, auch mal so einen umgerüsteten Traktor auszuprobieren. Unser Vorschlag: einer von Stock. Denn einer der wichtigsten Pioniere der Landwirtschaftsmotorisierung war der Fabrikant und Gutsbesitzer Robert Stock, der zusammen mit dem Ingenieur Karl Gleiche 1907 den ersten deutschen Motortragpflug konstruierte. Als Radschlepper diese Art der Pflüge verdrängten, wich Stock auf den Bau von Bauernschleppern aus. 1935 erschien der erste mit 20 PS. 1944 entstand ein vorbildliches Modell, allerdings verlangte die Reichsregierung aufgrund kriegsbedingter Knappheiten den Bau von Holzgas-Einheitsschleppern. Also zog ein 25 PS starker Vierliter-Deutz-Gasmotor in Verbindung mit dem nach dem Einstoffverfahren arbeitenden Einheitsgenerator EG 60 in den Traktor. Die Besonderheit dieser Konstruktion lag in der sogenannten „aufgelockerten Bauweise", bei der die Bauelemente des Einheitsgenerators um den Gasmotor herum angeordnet wurden. Der Schlepper überzeugte damit durch eine günstige Gewichtsverteilung und hohe Wendigkeit.

hatte ich ○

habe ich ○

will ich ○

Motor	Zweizyl.-Diesel, Generator	Leistung (PS)	25, 22
Hubraum (ccm)	3980, 2198	Vmax (km/h)	19,5

Stock Raupenstock

Deutschland (1927–1929)

hatte ich

habe ich

will ich

Raupe im Zweizylinder-Takt

Was wie ein motorisiertes Spielzeug aussieht, wird von Technikbegeisterten gerne und schnell okkupiert. Da bietet sich der kleine Kettenschlepper „Raupenstock" an. Das Berliner Unternehmen Stock machte erstmals 1927 mit genau diesem Unikum von sich reden. Das erste Modell war rahmenlos konstruiert, was in deutlicher Kopflastigkeit gipfelte. Der selbst hergestellte Vergasermotor war ein Zweizylinder, der 28 PS auf die Kurbelwelle wuchtete. Durch die schmale Bauweise empfahl sich der Raupenstock nicht nur für den Einsatz auf wenig tragfähigen Böden, sondern er konnte auch gut im Obst- und Weinanbau verwendet werden. Eine Riemenscheibe gestattete den Antrieb stationärer Maschinen. Im ersten Gang entwickelte dieser immerhin 2,2 Tonnen wiegende Winzling eine Zughakenkraft von 1600 Kilo. Etwa 4000 Stück wurden gebaut – 1928 für 5800 Reichsmark pro Stück. Für 7100 Reichsmark gab es eine Spezialversion mit abnehmbarer Sechs-Tonnen-Seilwinde für Forsteinsätze. Eilig sollte man es dennoch nicht haben, was immer man vorhat: Das „Spielzeug" schafft nicht mal zehn Stundenkilometer ...

Motor	Zweizylinder-Diesel	Leistung (PS)	28
Hubraum (ccm)	3167	Vmax (km/h)	9,5

Ruhrstahl-Geräteträger

Deutschland (1951–1956)

Teuer ist gut

Will man als Meister der Technik erscheinen, hilft es, auf einer Maschine zu thronen, die allein schon optisch den Anspruch darauf transportiert. Wie die 1951 auf der Hamburger DLG-Messe präsentierte Ruhrstahl-Landmaschine. Kaum war die Messe zu Ende, soll die Firma 350 Bestellungen verzeichnet haben – trotz des stolzen Preises von 19.000 Mark inklusive der wichtigsten Arbeitsgeräte. Das war der Gegenwert von vier Standardschleppern der gleichen Leistungsklasse. Allerdings traten wohl einige der Interessenten vom Kauf zurück, denn letztlich wurden nur rund 300 Stück gebaut. Technisch war die Maschine aufwendig konstruiert: Sie ermöglichte Bestell- und Erntearbeiten im Einmannbetrieb. Zentralstück war der wie ein umgedrehtes „U" gestaltete zweiholmige Rahmen, in den sich viele Geräte wie Düngerstreuer, Sämaschine, Hacke und Egge einhängen ließen, während für Transporte die Vorderladebühne verfügbar war. Der Geräteträger bot insgesamt 28 verschiedene Einsatzmöglichkeiten. Während im Winter der im Rücken platzierte Motor eine angenehme Heizung darstellte, war er im Sommer vielen Bauern lästig.

hatte ich ○

habe ich ○

will ich ○

Motor	Zweizylinder-Diesel	Leistung (PS)	20
Hubraum (ccm)	1590	Vmax (km/h)	16,4

Ritscher Multitrac 512 G

Deutschland (1954–1955)

hatte ich

habe ich

will ich

„Schleppträg“ mit Haken

Wie sehr wünscht man sich bei normalen Autos, je nach Einsatzzweck einfach mal den Radstand ändern zu können. Bei diesem Geräteträger von Ritscher ist er tatsächlich variabel. Für 5850 DM bekam der Käufer des Multitrac 512 G nicht nur einen luftgekühlten, 12 PS starken Einzylinder-Dieselmotor von MWM, sondern auch ein 5/5-Gruppengetriebe von ZF, das sich aus einer schnellen und langsamen Schaltgruppe mit jeweils fünf Gängen zusammensetzte. Das Besondere aber war, dass man den Geräterahmen nach vorn ausziehen konnte, was den Radstand stufenlos von 1680 bis auf 2500 Millimeter veränderte. Schlaue Werber kamen dadurch auf die Idee, den Multitrac als Schlepper mit kurzem Radstand und als Geräteträger mit langem Radstand anzubieten – sozusagen ein Schleppträg. Was weder sie noch die Erbauer beachteten: So ein Fahrzeug wurde in der Landwirtschaft hart herangenommen. Somit ärgerten sich die Besitzer nach ein paar schweren Einsätzen kräftig mit stark verdeckten Teilen oder sogar mit einer verbogenen Längenverstellung herum. Deswegen raten wir zu einem restaurierten Exemplar ...

Motor	Einzylinder-Diesel	Leistung (PS)	120
Hubraum (ccm)	905	Vmax (km/h)	19,8

Ritscher N

Deutschland (1936–1938)

Aller skurillen Dinge sind drei

Es gibt nicht nur dreirädrige Freizeitvehikel, sondern auch welche für die Landwirtschaft. Muss man ausprobieren. Zum Beispiel eines der Firma Ritscher aus Sprötze bei Hamburg. Die gelten als robust, zuverlässig und – nun ja – eigenwillig. Was auch daran lag, dass alles selbst gefertigt wurde – bis auf den Motor. Der stammte von Kämper und leistete 12 selbstzündende PS. Die drei Gänge des Schubradgetriebes sorgten für passende Übersetzungen für die Tempi 4,1, 5,8 und 12 km/h. Die Lenkung wurde oberhalb der Motorabdeckung horizontal geführt, was optisch durchaus interessant wirkt. Er besaß eine Benzinanlassvorrichtung, das heißt er musste mit Benzin gestartet werden, um danach auf Dieselbetrieb umgestellt zu werden. Eine weitere Besonderheit des Ritscher-Dreirads Typ N war die zwischen 900 und 1600 Millimeter stufenlos verstellbare Hinterachse, um ihn als Hackfruchtschlepper bei jeder Reihenbreite einsetzen zu können. Da man bei nur 800 gebauten Stück nicht gerade über ein Exemplar fällt, um es zu fahren, kann man ersatzweise auch auf den nicht weniger skurrilenTyp 320 (1946–1949) ausweichen.

hatte ich ○

habe ich ○

will ich ○

Motor	Einzylinder-Diesel	Leistung (PS)	12
Hubraum (ccm)	1115	Vmax (km/h)	12

Primus P 16

Deutschland (1936–1937)

hatte ich

habe ich

will ich

Erster unter Ungleichen

Ein Landwirtschaftsfahrzeug, das aussieht wie ein Mix aus einer gepanzerten Postkutsche, einem verunglückten Unimog und einem aufgedunsenen Hanomag „Kommissbrot", muss einfach gefahren werden. Verbrochen hat das Design der Berliner Traktorenhersteller Primus, bis 1945 ansässig in Berlin-Lichtenberg. Auch wenn der Oberingenieur Johannes Köhler zu den echten Pionieren des deutschen Schlepperbaus gezählt wird – Styling gehörte anscheinend nicht zu seinen Stärken. Ab 1936 war der P 16, der immerhin 7,5 Tonnen ziehen konnte, mit eine Zweizylinder-Diesel von Deutz zu haben. Das aus Stahlblech-Längsträgern und Quertraversen bestehende Niederrahmen-Fahrgestell besaß eine als Schwingachse konstruierte Vorderachse. Es dauerte bis 1938, als mit dem Modell P 22 der erste Ackerschlepper auf den Markt kam und – man glaubt es kaum – damals durch sein Design überzeugte, weil er aussah wie ein „richtiger" Traktor. Aber egal, ob Styling oder nicht: Kenner der Szene bezeichnen die Primus-Traktoren-Gesellschaft als denjenigen Hersteller in Deutschland, der auf dem Gebiet der leichten Straßenzugmaschinen die größte Pionierarbeit geleistet hat.

Motor	Zweizylinder-Diesel	Leistung (PS)	20
Hubraum (ccm)	2041	Vmax (km/h)	19,5

Nordtrak Gerwi-Diesel-Stier

Deutschland (1948–1949)

Männliche Kuh mit britischen Genen

Man bekommt wohl nicht oft die Möglichkeit, einen Willys Jeep als Motorpflug zu fahren – also bitte nutzen, wenn sich die Gelegenheit bietet. Dazu muss man nur einen Gerwi-Diesel-Stier finden. Denn der wurde aus Jeep-Teilen zusammengezimmert und ab 1948 für kurze Zeit tatsächlich verkauft. Und zwar vom Maschinenbauingenieur Georg R. Wille (Gerwi) und seinen Mitarbeitern in Hamburg. Sie verkürzten für ihre Vorstellung eines Allrad-Kleinschleppers den Jeep-Fahrzeugrahmen und bestückten ihn mit einem Zweizylinder-Horex-Motorradmotor. Auf der ersten DLG-Nachkriegsmesse in Frankfurt kam der kleine Allradtraktor ausgezeichnet an. Fortan wurde der Diesel-Stier in Handarbeit gefertigt. Vom Horex-Motor hatte sich Wille inzwischen verabschiedet. Er ließ den Kunden die Wahl zwischen einem 11-PS-Deutz-Motor mit Verdampfungskühlung, einem wassergekühlten 12-PS-Motor von Zanker oder einem ebenfalls mit Verdampfungskühlung arbeitenden 15-PS-Aggregat von Bauscher. 1949 war aber schon wieder Schluss mit dem Landwirtschafts-Jeep. Ob die Bastler-Optik der Grund war, ist (uns) nicht bekannt …

hatte ich ○

habe ich ○

will ich ○

Motor	Einzylinder-Diesel	Leistung (PS)	1, 12, 15
Hubraum (ccm)	1099	Vmax (km/h)	30

Mercedes-Benz OE

Deutschland (1928–1935)

hatte ich ○

habe ich ○

will ich ○

Sternzeit OE 1928

Wer stolz ist, mit einem Mercedes-Stern auf der Motorhaube herumzufahren, sollte auch mal einen Mercedes-Benz OE entern – vielleicht auch, um sich mal wieder zu erden. Seit dem Jahr 1911 entwickelten die beiden noch getrennten Firmen Daimler und Benz eine Reihe Bodenbearbeitungsfahrzeuge und Zugmaschinen. Im Mannheimer Werk erblickte der in rahmenloser Bauweise konstruierte Dieselschlepper OE als Konkurrent zum Lanz Bulldog den Boden der Welt. Sein Vorteil: Der Motor, ein Einzylinder-Diesel, fraß alles –Öl, Rohöl sowie Schmier- und Treibstoff. Im dritten Gang schleppte der Gassenhauer, der selbst 3,2 Tonnen wog und bis zu 15 km/h schnell war, 15 Tonnen Gewicht. Der OE war wahlweise mit einfacher Verdampfungs- oder mit Thermosyphonkühlung zu haben. Mangels Anlasser geriet der Start zur Arbeit: Kurbel und Zündpatrone mussten zum Einsatz kommen. 1929 wurden ein größerer Hubraum und damit zwei PS mehr spendiert. Wie heute noch bei Mercedes üblich, war der OE sauteuer – zu teuer für kleine Betriebe. Es konnte sich eben nicht jeder den Stern leisten, der tatsächlich auf allen rund 380 gebauten Stück an der Front prangte.

Motor	Einzylinder-Diesel	Leistung (PS)	24-26
Hubraum (ccm)	3433-4239	Vmax (km/h)	15

Lanz A 1305 Alldog

Deutschland (1955–1956)

Bulldogge auf Abwegen

Richtiges Fahrzeug mit dem falschen Motor – also rauf auf den Lanz-Geräteträger Alldog. Der „Alleshund" galt bei seiner Präsentation auf der DLG-Ausstellung 1951 als landwirtschaftliche Arbeitsmaschine für universelle Verwendungszwecke in Kleinbetrieben mit der Bezeichnung „Lanz-System" als Sensation. Man konnte überall Geräte anbauen: vorn, zwischen den Achsen, auf dem Rahmen und am Heck. So war man auch in der Lage, diverse Geräte zu kombinieren, was immer mehr Vollmechanisierung bedeutete. So weit, so gut. Doch beim Motor hatte sich Lanz vollends vergriffen. Als Antrieb mühte sich ein viel zu hochtouriger 13 PS starker Triumph-Motorradmotor (TWN) mit kleinem Hubraum ab, der nicht nur viel zu teuer, sondern komplett ungeeignet war. Das bekam die Kundschaft schnell heraus. Den Makel wurde der Alldog auch nicht los, als Lanz reagierte und einen besseren Dieselmotor einbaute. Immerhin: 2885 Exemplare fanden Abnehmer. Ob sie damit auch Freunde fanden, darf bezweifelt werden. Aber das sollte jeder für sich ausprobieren …

hatte ich ○

habe ich ○

will ich ○

Motor	Einzylinder-Diesel	Leistung (PS)	13
Hubraum (ccm)	533	Vmax (km/h)	18,9

Lanz Eilbulldog HR9, D 2531

Deutschland (1936–1954)

hatte ich

habe ich

will ich

In der Eile liegt die Weile

Hätte man genug Zeit im Leben, müsste man alle Lanz Bulldogs fahren. Manche sind knuffig, andere skurril – und wieder andere haben es besonders eilig. Deshalb: Wenn wir empfehlen müssen, raten wir außer zu den ganz frühen Exemplaren zum Eilbulldog. Der HR9, D 2531 ist Vor- und Nachkriegsmodell gleichzeitig und im Gegensatz zum D 2539 ein Cabriolet mit Faltverdeck samt Seitenteilen und Rückwand. Zusätzlich gab es eine geteilte Windschutzscheibe und sogar elektrische Scheibenwischer. Den D 2531 kann man dank Doppelsitzbank auch zu zweit genießen, es gibt vor den Hinterrädern sogar kleine Türchen. Rasant wird es allerdings nie: Der Glühkopf-Einzylinder-Diesel leistet 55 PS, und die müssen nicht nur die Passagiere transportieren, sondern auch die 4300 kg Eigengewicht des Schleppers. Immerhin kann die Spritztour lange dauern, denn der Tank fasst 220 Liter Diesel. Typisch ist der Bulldog-Kegelauspuff, es sollen aber auch Exemplare mit einem nach hinten geführten Abgasrohr gebaut worden sein. Apropos bauen: Der Krieg unterbrach die Produktion. Bis 1944 wurden von allen 55-PS-Eilbulldogs 2415 Exemplare gefertigt, nach 1945 bis 1954 entstanden nochmals 508 Exemplare.

Motor	Einzylinder-Diesel	Leistung (PS)	55
Hubraum (ccm)	10.338	Vmax (km/h)	30,6

Kühner & Berger Dieselzwerg

Deutschland (1950–1955)

Kleiner Schlepper ganz groß

Wer mit dem „Dieselzwerg" zur Party knattert, dem fliegen die Herzen zu – bestimmt. Gar nicht dran zu denken, was man damit alles abschleppen kann. Schon 1950 warb Hersteller Kühner & Berger: „Ein Zwerg an Gestalt – ein Riese an Leistung", was allerdings den Absatz nicht spürbar ankurbelte. Das extra einfach konstruierte und ebenso leicht herzustellende Fahrzeug besaß einen liegenden Einzylinder-Dieselmotor mit Verdampfungskühlung (später Wasserumlaufkühlung), der erst acht und ab 1953 zehn PS leistete. Der Dieselzwerg begnügte sich mit drei Rädern und wurde mithilfe eines Motorradlenkers gesteuert. Vier Gänge standen zur Verfügung, die Hinterachse wurde über eine Duplex-Kette angetrieben. Willys-Jeeps spendierten anfangs die bis zu 300 Kilo tragenden Pritschen, später waren Opel Blitz 1,5-Tonner die Spender. So einfach die Konstruktion war, so vielseitig war sie einsetzbar, besonders als Stationärmaschine. Ohne Licht und Anbaugeräte musste man einst 3365 Mark für das Helferlein bezahlen. Heute ist der Auftritt unbezahlbar …

hatte ich ○

habe ich ○

will ich ○

Motor	Einzylinder-Diesel	Leistung (PS)	12
Hubraum (ccm)	1100	Vmax (km/h)	15

Kramer K 12 V Allesschaffer

Deutschland (1950–1952)

hatte ich

habe ich

will ich

Wasser, bitte, Wasser!

Allein schon der Name „Allesschaffer" – der ist so bescheuert, dass er schon wieder gut ist. Auf die Bezeichnung kamen die Verantwortlichen der Maschinenfabrik Gebr. Kramer, Pionieren der deutschen Kleinschlepperbranche. 1925 bauten die drei Kramer-Brüder zusammen mit ihrem Vater ihren ersten selbstfahrenden Motormäher mit Eisenreifen und Vier-PS-Motor zusammen – das war der allererste selbstfahrende Mäher in Deutschland. Schon 1936 wurde der erste K 12 vorgestellt, und er wurde ein Erfolg. Der ab Juni 1950 wiederum mit Verdampferkühlung ausgerüstete Rahmenbauschlepper K 12 V Allesschaffer führte den Erfolg fort. Kein Wunder, war er doch auf der DLG-Ausstellung in Frankfurt mit 3575 Mark der mit Abstand billigste Schlepper der Messe. Nachteil der Konstruktion: Das Kühlsystem verbrauchte ständig viel Wasser, das stets mitgenommen werden musste. Wer das vermeiden wollte, sollte bei der Arbeit zumindest einen Bach oder See in der Nähe wissen. 4015 Stück wurden verkauft, was durchaus ein Beweis für die Beliebtheit der verbrauchsgünstige und wartungsarme, aber wassertrinkfesten Allzweckmaschine war.

Motor	Einzylinder-Diesel	Leistung (PS)	12
Hubraum (ccm)	1100	Vmax (km/h)	15

Multicar 25 *DDR (1978–1992)*

Dauerbrenner aus dem Osten

Zu den Vehikeln, die man gefahren haben muss, gehört zweifellos das Multicar 25 – vielleicht das beste Exportfahrzeug, dass die DDR je hervorgebracht hat. Die kleine Allzweckwaffe hieß zuvor „Dieselameise", aber da es eine „Ameise" schon gab, musste der Name geändert werden. Der Erfolg des Multicar begann 1956 mit der 6,5 PS starken Dieselkarre DK 2003 und führte über die Multicars 22 und 24 zum ausgereiften 25 mit zwei Tonnen Nutzlast. Um die Aufbauten schnell wechseln zu können, waren diese mit nur vier Schrauben an standardisierten Befestigungspunkten am Rahmen befestigt. So sollte es möglich sein, alle verfügbaren Typen innerhalb einer Stunde zu montieren. Übrigens ist Multicar der einzige Fahrzeugbauer der DDR, der seine Produkte nach der sogenannten Wende weiter vertreiben konnte und auch heute noch existiert. Bis zum Produktionsende des Typs 25 und dem Beginn der Fertigung des Multicar 26 im Jahr 1992 wurden mehr als 100.000 Exemplare gebaut. Die Grundform des Multicar 25 blieb noch bis zum Jahr 2010 in Gestalt des optisch nur geringfügig überarbeiteten Multicar 26 erhalten. Was für ein Tausendsassa ...

hatte ich ○

habe ich ○

will ich ○

Motor	Vierzylinder-Diesel	Leistung (PS)	45-46
Hubraum (ccm)	2238	Vmax (km/h)	60

IFA ZT 300-GB

DDR (1983 – 1988)

Ein bisschen Gleis-nost

Ein bisschen vorsichtig sollte man schon agieren, wenn man einen IFA ZT 300-GB bewegt. Nicht deshalb, weil das kuriose Aussehen des Gummi-Gleisbandtraktors ZT 300 GB vom IFA möglicherweise viele Schaulustige anzieht, die sich um das DDR-gefährt scharen, sondern weil die Gleisbänder schlicht nicht lange halten. Wer mit IFA (Industrieverband Fahrzeugbau) nicht viel anfangen kann: 1948 fasste die DDR unter dem Begriff alle Fahrzeugbaufirmen zentral zusammen. In Sachen Traktor entstand erst 1967 mit dem ZT 300 der erste DDR-Radschlepper, der genug Kraft und Zugkraft besaß, um die anstehenden Arbeiten zufriedenstellend auszuführen. Eine Modell-Abwandlung war der Gleisbandtraktor ZT 300-GB, der mit einem gänzlich anderen Führerhaus und auch mit einer völlig anderen Bremsanlage ausgerüstet war. Schon seit den 1950er-Jahren versuchte man, vermehrt Gleisbandkettenwerke in der Landwirtschaft zu verwenden, um die Ackerböden nicht zu sehr zu verdichten. Bis 1988 entstanden jedoch nur 70 Umbauten. Es dürfte also allein schon eine Aufgabe sein, einen ZT 300-GB aufzutreiben. Und dann noch mit intakten Gleisbändern. Aber dann gilt der ZT-300-Spruch: „Hast Du Hammer, hast Du Draht, kommst Du bis nach Leningrad …"

hatte ich ○

habe ich ○

will ich ○

Motor	Vierzylinder-Diesel	Leistung (PS)	100
Hubraum (ccm)	6560	Vmax (km/h)	20,7

Hummel DuploTrac A 9 J

Deutschland (1966–1967)

Knick in der Optik

Zur Erfahrung im Landwirtschaftsfahrzeugfahren gehört zweifellos auch ein Ritt auf einem kleinen Knicklenker. Da bietet sich der Diesel-Schlepper DuploTrac A 9 J von Hummel an. Die 1907 im oberbadischen Heitersheim gegründete Firma stellte 1950 einen Einachsschlepper vor, an den man eine Hinterachse anbringen konnte – fertig war der leichte Vierradschlepper mit Knicklenkung. In den 1960er-Jahren bot das Hummel-Portfolio konventionelle Spezialschleppertypen sowie Allradschlepper und Spezialfahrzeuge mit Knicklenkung für den Einsatz in Sonderkulturen an. Handarbeit war Trumpf, deshalb genossen die Hummel-Produkte von Anfang an den Ruf ausgezeichneter Verarbeitungsqualität. Der DuploTrac-Modell A 9 J kam mit vier gleichgroßen Rädern und einem sehr tiefliegenden Schwerpunkt. Das sorgte für hohe Zugkraft, große Kippsicherheit, erstaunliche Wendigkeit und deutliche Lenksicherheit. Den Antrieb besorgte ein italienischer Einzylinder-Dieselmotor, der 14 PS erzeugte. Und nicht geknickt sein, wenn man nicht gleich einen auftreibt ...

hatte ich ○

habe ich ○

will ich ○

Motor	Einzylinder-Diesel	Leistung (PS)	14
Hubraum (ccm)	650	Vmax (km/h)	20

Eicher ED 16/I

Deutschland (1948–1950)

hatte ich

habe ich

will ich

Luftkühlung als Novum

Der erste Schritt in Sachen Traktor war bei Eicher der Umbau eines alten Opel zu einem Mähauto – dass man damit Schleppergeschichte schreiben würde, konnten nicht mal die Verantwortlichen ahnen. Denn schon 1936 stellte Eicher den ersten Vierradtraktor auf die Räder, der pflügen, mähen, ziehen und über seine Riemenscheibe Maschinen antreiben konnte. Unsterblich machte sich Eicher aber 1948, als die Firma den ersten luftgekühlten Dieseltraktor der Welt auf den Markt brachte – tatsächlich noch vor dem Branchenriesen Deutz. Das lag an seinen Abmessungen und der passenden Motorleistung von 16 PS. Mit 1450 Kilo war der ED 16/I nicht gerade leicht geraten, aber er war solide gebaut und bot sich mit ZF-Vierganggetriebe als Zugschlepper an. Zur Serienausstattung gehörten Getriebezapfwelle, Riemenscheibe, Mähantrieb, Ackerschiene und Spurverstellmöglichkeiten. Mehr als 2200 Stück fanden passende Abnehmer bei landwirtschaftlichen Kleinbetrieben. Muss man fahren ...

Motor	Einzylinder-Diesel	Leistung (PS)	16
Hubraum (ccm)	1425	Vmax (km/h)	15

Eicher Farm-Express

Deutschland (1962–1963)

DAS Auto für Landwirte

Wie verwandt Auto und Landwirtschaftsfahrzeuge sind, beweist der „Farm-Express" von Eicher, vorgestellt auf der 47. DLG-Ausstellung im Jahr 1962 in München. Der landwirtschaftliche Schnelltransporter kam mit beeindruckenden 54 PS, einer Kurzpritsche mit einer Nutzlast von 1500 Kilo und geschlossenem, dreisitzigem Fahrerhaus. Unter dem Kleid konnte das „Auto" seinen Ursprung allerdings nicht verhehlen: Es steckte der Triebblock des Ackerschleppers ED 26 darunter. Der Vierzylinder-Dieselmotor heizte die Hintern der Insassen kräftig auf, ein ZF-Vierganggetriebe sorgte für passenden Vortrieb. Das Fahrerhaus war aus Stahl gefertigt und wurde von den Hamburger Tempowerken gebaut. Dass es noch heute eklatant an die Kabine des Tempo Wiking erinnert, ist kein Zufall: Es ist exakt das gleiche Führerhaus wie beim Hamburger Kleintransporter. Der Farm-Express sollte letztlich eine für Straßenfahrten geeignete, wendige Zugmaschine sein. Die Kunden monierten allerdings den fehlenden Allradantrieb und den hohen Preis. Sie griffen dann doch lieber zum Unimog, obwohl Eicher schließlich die Kraft des Farm-Express noch auf 60 PS erhöhte.

hatte ich ○

habe ich ○

will ich ○

Motor	Vierzylinder-Diesel	Leistung (PS)	54, 60
Hubraum (ccm)	3927	Vmax (km/h)	60

Deutz F 3 M 317

Deutschland (1935–1942)

Schlepper ohne Hintergedanken

Wer Fan von klassischen Verkehrsschleppern ist, weil die optisch so wunderbar an alte Autos erinnern, findet bei Deutz eine große Auswahl. Die Ursprünge des traditionsreichen Motoren- und Traktorenherstellers Deutz gehen auf das Jahr 1864 zurück, als Nikolaus August Otto mit Eugen Langen im Kölner Stadtteil Deutz eine Motorenfabrik gründete. Den Durchbruch zum erfolgreichen Schlepperunternehmen brachten die so genannten Stahlschlepper ab 1934. Nicht nur für den Einsatz in Feld und Forst, sondern auch für Transportaufgaben im Nahverkehr war der schwere 50-PS-Deutz-Dieselschlepper F 3 M 317 von 1935 eine geeignete Maschine. In der Regel wurden diese bis zu 28 km/h schnellen und mehr als vier Tonnen schweren Verkehrsschlepper zumindest mit Windschutzscheibe und Dach, seltener auch mit festen und geräumigen Fahrerhäusern, wetterfest ausgerüstet. Sie waren unentbehrlich in der Speditionsbranche, bei Möbel- und Umzugsfirmen, Kohlenhändlern, bei Schaustellern und vielen anderen Gewerbetreibenden. Den großen Stahlschlepper gab es außerdem als Acker- und Universalschlepper, jeweils mit Eisen- oder Luftbereifung. Insgesamt wurden 6248 Stück gebaut.

hatte ich ○

habe ich ○

will ich ○

Motor	Dreizylinder-Diesel	Leistung (PS)	50
Hubraum (ccm)	5748	Vmax (km/h)	28

Deutz F 1 M 414

Deutschland (1936–1942)

Wackere Ackerlegende

Zu den Schleppern, die man gefahren haben muss, gehört sicherlich auch der Deutz F1 M 414 von 1936. Und zwar deshalb, weil er der weltweit erste Kleinschlepper war, der in Großserie produziert wurde. Er entstand, weil die damalige Reichsregierung von den Herstellern forderte, in Sachen Nahrungsmittel für Unabhängigkeit von Importwaren zu sorgen. Das betraf besonders die Landwirtschaft, ohne die die angestrebte Autarkie nicht bewerkstelligt werden konnte. Und dort angesprochen waren natürlich auch die Kleinbetriebe, die sich bislang nur eine Gespannhaltung leisten konnten. Insofern war es nur logisch, dass ein Hersteller auf die Idee eines bezahlbaren Kleinschleppers kam. Deutz reagierte am schnellsten. Der F 1 M 414 war eine von den größeren Stahlschleppern abgeleitete Blockkonstruktion. Als Antrieb reichte ein wassergekühlter Einzylinder-Dieselmotor. 1937 kostete das Basis-Fahrzeug 3323 Reichsmark. Zur Mitte des Jahres 1942 musste sein Bau aus kriegsbedingten Gründen einstweilen gestoppt werden. Da hatte der kleine Deutz allerdings seinen Ruf als Ackerlegende schon längst eingefahren.

hatte ich ○

habe ich ○

will ich ○

Motor	Einzylinder-Diesel	Leistung (PS)	11
Hubraum (ccm)	1100	Vmax (km/h)	7,8

Deutz-Fahr Serie 9

Deutschland (seit 2013)

hatte ich ○

habe ich ○

will ich ○

Serien-Held

„Mit der Serie 9 haben die Deutz-Fahr-Ingenieure einen ultramodernen, hochintelligenten Großtraktor entwickelt, der dank einzigartigem Bedienungskomfort, automatisierten Routinefunktionen und den fortschrittlichsten Technologien alle Arbeiten erleichtert und beschleunigt – und all das mit dem geringsten denkbaren Ressourcenverbrauch." So jedenfalls bewirbt Deutz seinen neuen Traktor. Allein schon, um die hochtrabenden Angaben zu überprüfen, sollte man einen Deutz-Fahr der Serie 9 ausprobieren. Die Serie besteht aus insgesamt vier Modellen, die eine Leistung von etwa 270 PS bis 340 PS abdecken. Angetrieben werden die Großtraktoren von 7,8-Liter-Deutz-Motoren samt zweistufigem Turbolader und Ladeluftkühler, die mit je einem stufenlosen Getriebe kombiniert werden. Wer noch tiefer einsteigen will: Fahr hat ein Museum in Lauingen und bietet Werksbesichtigungen an, bei denen man sehen kann, wie diese Hochleistungstraktoren entstehen.

Motor	Sechszylinder-Turbodiesel	Leistung (PS)	336
Hubraum (ccm)	7800	Vmax (km/h)	60

Lanz Bulldog D 1706

Deutschland (1952–1955)

Halb und halb

Halbstark kennt jeder, aber Halbdiesel? Jawohl, gab es auch. Zum Beispiel im Lanz D 1706. Mit diesem Traktor reagierte Lanz auf den zunehmenden Druck, einen Dieselmotor anbieten zu müssen. Beim Startvorgang musste zunächst Benzin eingespritzt und mit Hilfe einer Zündkerze verbrannt werden. Nachdem der Motor warm war, wurde auf Dieselbetrieb umgeschaltet. Längst noch nicht bei allen Mitbewerbern Standard, ging hier Lanz den ersten Schritt in die neue Zeit. Die Mannheimer wollten allerdings auch nicht das bewährte Grundprinzip des langsam laufenden und liegenden Einzylindermotors aufgeben. Der war ein liegender, ventilloser Zweitakt-Mitteldruckmotor mit Druckumlaufschmierung mittels Zahnradpumpe und zweifach gelagerter Kurbelwelle. Mit fast 2,3 Litern Hubraum war er gegenüber vielen Konkurrenzmodellen dieser Leistungsklasse immer noch gut bestückt, aber er verlor durch neue Schalldämpfer den typischen Klang der Glühkopfmotoren – für viele ein vermeintlicher Nachteil. 7328 Stück des 1310 Kilo schweren Traktors wurden gebaut. 1956 übernahm John Deere die Firma Lanz.

hatte ich ○

habe ich ○

will ich ○

Motor	Einzylinder-Halbdiesel	Leistung (PS)	17
Hubraum (ccm)	2256	Vmax (km/h)	18,8

Buhler Versatile 575

Kanada (seit 2010)

hatte ich

habe ich

will ich

Power for the Bauer

Was Extremes vor? Mal den dicken Max machen? Dann rein in den Buhler Versatile 575. Der „High Horsepower Tractor“ (HHT) bietet Allrad, 16 Gänge, mehr als 20 Tonnen auf den Eisenrippen und einen Rahmen aus dicken Stahlplatten. Ein Cummins-Diesel-Motor mit Turbolader und ein Ladeluftkühler sorgen dafür, dass beim Modell 575 auch 575 PS dort ankommen, wo sie hingehören. High-Flow-Hydraulik ist beim 575 Standard, ebenso der 70-Millimeter-Deichselkupplungsbolzen der Klasse 5. Durch den Einsatz hochwertiger Komponenten legen die Versatile-Traktoren besonderen Wert auf Leistung, Langlebigkeit und Zuverlässigkeit – denn Ausfallzeiten sind keine Option. Versatile war übrigens das erste Unternehmen, das knickgelenkte Traktoren mit Allradantrieb in Serie produzierte, und zwar seit 1966. 1987 wurde der Versatile von Ford New Holland übernommen. Buhler Industries Inc., ein kanadischer Landmaschinenhersteller, kaufte im Jahr 2000 das Allradantriebswerk in Winnipeg von New Holland. Buhler feierte Ende 2007 das 50.000. hergestellte Allradfahrzeug des Typs Versatile.

Motor	Sechszylinder-Turbodiesel	Leistung (PS)	575
Hubraum (ccm)	14.900	Vmax (km/h)	k.A.

ZF Innovation Tractor

Deutschland (Zukunft)

Agrar-Fiction

GPS-gestützt und fahrerlos pflügen geht ja heute schon, aber ZF macht den nächsten Schritt: Der Trecker von morgen lässt sich per Tablet steuern, rangiert bei Bedarf autonom und erkennt Menschen, die zwischen Maschine und Hänger. So ausgerüstet wird aus dem analogen Arbeitsgerät ein digitalisiertes Hightech-Gefährt. Auf den ersten Blick unterscheidet sich der Innovation Tractor kaum von einem gängigen Ackerschlepper. Aber wer genau hinsieht, entdeckt viele Kameras und Sensoren. Insgesamt sechs Kameras sind auf der Fahrerkabine und an der Motorhaube montiert. Dank zusätzlicher Heckkameras lässt sich der Trecker automatisch ankoppeln und rangieren. Über die Funktion „Safe Range“ lässt sich das Gespann auch von außen per Tablet fernsteuern. Als Höchstgeschwindigkeit dabei vorwörts vier km/h und rückwärts zwei km/h als maximales Tempo programmiert. Beim Ankoppeln erkennt das System mittels spezieller optischer Zieltafeln die genaue Position des Anbaugeräts und bewegt den Trecker so lange, bis die optimale Position erreicht ist und der Landwirt die Verbindung manuell herstellen kann. Da muss man dann gar nicht Trecker fahren können …

hatte ich ○

habe ich ○

will ich ○

Motor	k.A.	Leistung (PS)	k.A.
Hubraum (ccm)	k.A.	Vmax (km/h)	k.A.

Mercedes-Benz Unimog Wasserstoff-Prototyp *Deutschland (2023)*

Das ist die perfekte Welle

Noch ein bisschen in die Zukunft schauen, was man dann so fahren könnte? Bitte sehr: Mercedes-Benz hat einen Unimog- Prototypen mit Wasserstoff-Verbrennungsmotor gebaut. Mit dem Versuchsfahrzeug wird erforscht, unter welchen Bedingungen die Wasserstoffverbrennung als sinnvolle Ergänzung zu batterieelektrischen und brennstoffzellenbasierten Antrieben umsetzbar ist. Auf einem stillgelegten Autobahnabschnitt zwischen Bayreuth und Bamberg haben die Ingenieure beim Mähen des Grünstreifens, bei Beschleunigungsfahrten und beim Tanken an einer öffentlichen Zapfsäule Messdaten erhoben, die für die weitere Fahrzeugentwicklung genutzt werden. Für den alternativen Antrieb durch Wasserstofftechnologie ist ein speziell umgerüsteter Gasmotor mit Tank-, Sicherheits- und Überwachungssystemen und Messtechnik eingebaut. Die vier TÜV-geprüften 700-Bar-Hochdrucktanks fassen insgesamt etwa 14 Kilogramm gasförmigen Wasserstoff. In einer nächsten Entwicklungsstufe soll das Volumen erhöht werden, um einen regulären Arbeitstag abdecken zu können. Der Motor leistet etwa 290 PS und 1000 Nm und ist dabei leiser als das Dieselpendant. Zukunft eben ...

hatte ich ○

habe ich ○

will ich ○

Motor	Sechszylinder-Diesel	Leistung (PS)	290
Hubraum (ccm)	7698	Vmax (km/h)	k.A.

Mulag Pulsar 14D

Deutschland (seit 2012)

Container-Lösung

Wahrscheinlich hilft es, wenn man gute Beziehung zum Flughafenpersonal zu haben, um mal einen echten Containertransporter fahren zu können – oder sogar zu entführen, um mit ihm die schon lange nötigen Containerarbeiten auf dem Gutshof zu erledigen. Das kann man zum Beispiel den Pulsar 14D von Mulag. Mit mehr als 280 Mitarbeitern produziert das Renchtaler Unternehmen Geräte für die Straßenunterhaltung und Fahrzeuge für das Flughafenvorfeld. Und es ist bestimmt ein Erlebnis, so etwas zu bewegen – immerhin ist das Arbeitsgerät siebeneinhalb Meter lang, gut vier Meter breit und 2,2 Meter hoch. Mit einer Nutzlast von bis zu 14 Tonnen ist der Mulag Pulsar 14D das stärkste unter den Pulsar-Containertransportern. Neben den gängigen LD- und MD-Container-Paletten ist er auch für Sonderladegut optimal geeignet – siehe Landwirtschaft. Durch seine drei unabhängigen Rollen/Walzen-Sektionen kann er auch kleineres Ladegut unabhängig voneinander abfertigen. Der Wendekreis beträgt erstaunliche 9,5 Meter, das Eigengewicht wird mit 9,1 Tonnen angegeben. Letztendlich kann man damit alles transportieren, was man so im Leben braucht oder auch nicht mehr braucht: Hausrat, Unrat, Landrat …

hatte ich ○

habe ich ○

will ich ○

Motor	Vierzyl.-Diesel + Radnabenmotoren	Leistung (PS)	74
Hubraum (ccm)	2900	Vmax (km/h)	25

JCB Dieselmax

USA (2006)

hatte ich

habe ich

will ich

Selbstzündende Landrakete

JCB ist eigentlich bekannt als Hersteller von Kettenbaggern, Radladern und Elektrofahrzeuge für – unter anderem – die Landwirtschaft. Aber JCB kann auch anders – zum Beispiel beim JCB Dieselmax. Was wie ein weiterer Traktor klingt, ist nichts anderes als das schnellste Dieselfahrzeug der Welt. Fahrer war kein Geringerer als der schnellste Mann der Welt, Andy Green. Er raste am 23. August 2006 mit dem JCB Dieselmax in Bonneville Salt Flats, Utah, genau 563,418 km/h, obwohl er nur rund 800 kW der verfügbaren 1.100 kW Leistung nutzte. Der vorherige Geschwindigkeitsweltrekord für Dieselfahrzeuge stammte aus dem Jahr 1973. Der Dieselmax wurde von zwei Fünfliter-Vierzylindermotoren mit je 750 PS angetrieben, von denen sich einer vorne und einer hinten befand. Jeder Motor besaß eine Drehzahlbegrenzung auf 3.800/min und war mit einem Turbolader sowie zwei Kühlsystemen ausgestattet. Die selbstzündende Landrakete wartete mit einem genialen cW-Wert von 0,147 auf. Nach Angaben des Projektteams hätte das Auto übrigens noch höhere Geschwindigkeiten erreichen können – das Problem waren jedoch die Reifen. Noch heute ist der JCB Dieselmax der Rekordhalter. Na, wer traut sich, die vollen 1100 kW zu nutzen?

Motor	2 Vierzylinder-Turbodiesel	Leistung (PS)	bis 1475
Hubraum (ccm)	je 5000	Vmax (km/h)	563,418